공기업 기계직 전공필기

기출변형문제집 | 최신 경향 문제 수록

기계의 진리

공기업 기계직 전공필기 연구소 지음

BM (주)도서출판 성안당

■ 도서 A/S 안내

성안당에서 발행하는 모든 도서는 저자와 출판사, 그리고 독자가 함께 만들어 나갑니다.

좋은 책을 펴내기 위해 많은 노력을 기울이고 있습니다. 혹시라도 내용상의 오류나 오탈자 등이 발견되면 "좋은 책은 나라의 보배"로서 우리 모두가 함께 만들어 간다는 마음으로 연락주시기 바랍니다. 수정 보완하여 더 나은 책이 되도록 최선을 다하겠습니다.

성안당은 늘 독자 여러분들의 소중한 의견을 기다리고 있습니다. 좋은 의견을 보내주시는 분께는 성안당 쇼핑몰의 포인트(3,000포인트)를 적립해 드립니다.

잘못 만들어진 책이나 부록 등이 파손된 경우에는 교환해 드립니다.

저자 e-mail : jv5140py@naver.com

본서 기획자 e-mail : coh@cyber.co.kr(최옥현)

홈페이지 : http://www.cyber.co.kr 전화 : 031) 950-6300

들어가며

현재 시중에는 공기업 기계직과 관련된 전공 기출 문제집이 많지 않습니다. 이에 따라 시험을 준비하고 있는 사람들은 기사 문제나 여러 공무원 기출 문제 등을 통해 공부하고 있어서 공기업 기계직 시험에서 자주 출제되는 중요한 포인트를 놓칠 수 있습니다. 이에 필자는 공기업 기계직 시험을 직접 응시하여 최신 경향을 파악하고 있고, 이를 바탕으로 문제집을 만들고 있습니다.

최근 공기업 기계직 전공 시험 문제는 개념을 정확하게 알고 있는가, 정의를 정확하게 이해하고 있는가에 중점을 두고 출제되고 있습니다. 이에 따라 본서는 자주 등장하는 중요 역학 정의 문제와 단순한 암기가 아닌 이해를 통한 해설로 장기적으로 기억될 뿐만 아니라 향후 면접에도 도움이 될 수 있도록 문제집을 만들었습니다.

[이 책의 특징]

- **최신 경향 기출문제 수록**

  저자가 직접 시험에 응시하여 문제를 풀어보고 이를 바탕으로 한 100% 기출 문제를 수록했습니다. 공기업 기계직 시험에 완벽히 대비할 수 있도록 해설에는 관련된 모든 이론, 실수할 수 있는 부분, 암기법 등을 수록했습니다. 또한, 중요 문제는 응용할 수 있도록 문제를 변형하여 출제했습니다.

- **모의고사 6회, 질의응답, 필수이론, 3역학 공식 모음집 수록**

  최신 기술문제뿐만 아니라 공기업 기계직 시험에 더욱더 대비할 수 있도록 모의고사 6회를 수록하였습니다. 또한, 여러 이론을 쉽게 이해할 수 있도록 질의응답과 자주 출제되는 필수 이론을 수록하여 중요한 개념을 숙지할 수 있도록 하였습니다. 마지막으로 3역학 공식 모음집을 수록하여 공식을 쉽게 익힐 수 있도록 하였습니다.

- **변별력 있는 문제 수록**

  중앙공기업보다 지방공기업의 전공 시험이 난이도가 더 높습니다. 따라서 중앙공기업 전공 시험의 변별력 문제뿐만 아니라 지방공기업의 전공 시험에 대비할 수 있도록 실제 출제된 변별력 있는 문제를 다수 수록했습니다.

공기업 기계직 기출문제집 [기계의 진리 시리즈]를 통해 전공 시험에서 큰 도움이 되었으면 합니다. 모두 원하시는 목표 꼭 성취할 수 있기를 항상 응원하겠습니다.

– 저자 장태용

중앙공기업 vs. 지방공기업

저자는 과거 중앙공기업에 입사하여 근무했지만 개인적으로 가치관 및 우선순위가 맞지 않아 퇴사하고 다시 지방공기업에 입사했습니다. 중앙공기업과 지방공기업을 직접 경험해 보았기 때문에 각각의 장단점을 명확하게 파악하고 있습니다.

중앙공기업과 지방공기업의 장단점은 다음과 같이 명확합니다.

중앙공기업(메이저 공기업 기준)

[장점]
- 대기업에 버금가는 고연봉
- 높은 연봉 상승률
- 사기업 대비 낮은 업무 강도
  (다만 부서마다 업무 강도가 다름)
- 지방 근무는 대부분 사택 제공

[단점]
- 순환 근무 및 비연고지 근무

지방공기업(서울시 및 광역시 산하)

[장점]
- 연고지 근무에 따른 만족감 상승
- 평균적으로 낮은 업무 강도 및 워라벨
  (다만 부서 및 업무에 따라 다름)
- 지방 근무는 대부분 사택 제공

[단점]
- 중앙공기업에 비해 낮은 연봉
- 중앙공기업에 비해 낮은 연봉 상승률

어떤 회사든 자신이 원하는 가치관을 모두 보장할 수는 없지만, 우선순위를 3~5개 정도 파악해서 가장 근접한 회사를 찾아 그에 맞는 목표를 설정하는 것이 매우 중요합니다.

“

가치관과 **우선순위**에 맞는 **목표** 설정!!

”

공부방법

효율적인 공부방법

1. 일반기계기사 과년도 기출문제를 먼저 풀고, 보기와 문제를 모두 암기하여 어떤 형식으로 문제가 출제되는지 파악하기
2. 과년도 기출문제와 관련된 이론을 모두 암기하기
3. 일반기계기사의 모든 이론을 꼼꼼히 암기하기
4. 위 과정을 적어도 2~3회 반복하여 정독하기

1. 과년도 기출문제만 풀고 암기하는 분들이 간혹 있습니다. 하지만 이러한 방법은 기사 자격증 시험 합격에는 무리가 없지만, 공기업 전공시험을 통과하는 데에는 그리 큰 도움이 되지 않습니다.

2. 여러 책을 참고하고, 공기업 기출문제로 어떤 것이 출제되었는지 확인하여 부족한 부분과 새로운 개념을 익힙니다.

3. 각종 공무원 7, 9급 기계공작법, 기계설계, 기계일반 기출문제를 풀어보고 모두 암기합니다.

4. 문제 풀이방과 저자가 운영하는 블로그를 적극 활용하며 백지 암기방법을 사용합니다. 또한, 요즘은 역학의 기본 정의에 관한 문제가 많이 출제되니 역학에 대해 확실히 대비해야 합니다.

5. 암기 과목에서 50%는 이해, 50%는 암기해야 하는 내용들로 구성되어 있다고 생각합니다. 예를 들어 주철의 특징, 순철의 특징, 탄소 함유량이 증가하면 발생하는 현상, 마찰차 특징, 냉매의 구비조건 등 무수히 많은 개념들은 이해를 통해 자연스럽게 암기할 수 있습니다.

6. 전공은 한 번 공부할 때 원리와 내용을 제대로 공부하세요. 세 가지 이점이 있습니다.

- 면접 때 전공과 관련된 질문이 나오면 남들보다 훨씬 더 명확한 답변을 할 수 있습니다.
- 향후 취업을 하더라도 자격증 취득과 관련된 자기 개발을 할 때 큰 도움이 됩니다.
- 인생은 누구도 예측할 수 없습니다. 취업을 했더라도 가치관이 맞지 않거나 자신의 생각과 달라 이직할 수도 있습니다. 처음부터 제대로 준비했다면 그러한 상황에 처했을 때 이직하기가 수월할 것입니다.

1 시험에 대한 자세와 습관

쉽지만 틀리는 경우가 다반사입니다. 실제로 저자도 코킹과 플러링 문제를 틀린 적이 있습니다. 기밀만 보고 바로 코킹으로 답을 선택했다가 틀렸습니다. 따라서 쉽더라도 문제를 천천히 꼼꼼하게 읽는 습관을 길러야 합니다.

그리고 단위는 항상 신경써서 문제를 풀어야 합니다. 문제가 요구하는 답이 mm인지 m인지, 주어진 값이 지름인지 반지름인지 문제를 항상 꼼꼼하게 읽어야 합니다.

이러한 습관만 잘 기르면 실전에서 전공점수를 올릴 수 있습니다.

2 암기 과목 문제부터 풀고 계산 문제로 넘어가기

보통 시험은 대부분 암기 과목 문제와 계산 문제가 순서에 상관없이 혼합되어 출제됩니다. 그래서 보통 암기 과목 문제를 풀고 그 다음 계산 문제를 풉니다. 실전에서 실제로 이렇게 문제를 풀면 "아~ 또 뒤에 계산 문제가 있네" 하는 조급한 마음이 생겨 쉬운 암기 과목 문제도 틀릴 수 있습니다.

따라서 암기 과목 문제를 풀면서 계산 문제는 별도로 ○ 표시를 해 둡니다. 그리고 암기 과목 문제를 모두 푼 다음, 그때부터 계산 문제를 풀면 됩니다. 이 방법으로 문제 풀이를 하면 계산 문제를 푸는 데 속도가 붙을 것이고, 정답률도 높아질 것입니다.

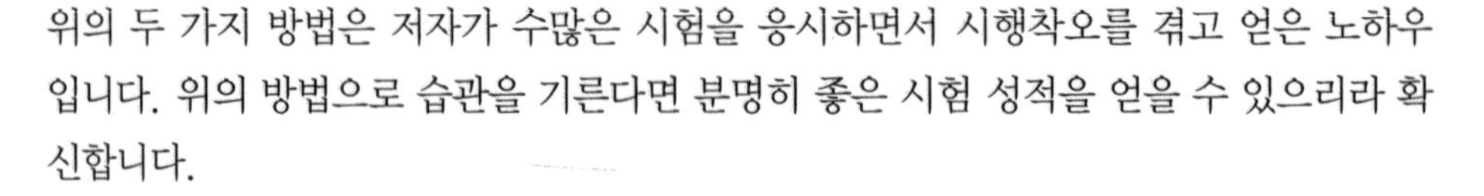

위의 두 가지 방법은 저자가 수많은 시험을 응시하면서 시행착오를 겪고 얻은 노하우입니다. 위의 방법으로 습관을 기른다면 분명히 좋은 시험 성적을 얻을 수 있으리라 확신합니다.

시험의 난이도가 어렵든 쉽든 항상 90점 이상을 확보할 수 있도록 대비하면 필기시험을 통과하는 데 큰 힘이 될 것입니다. 꼭 열심히 공부해서 90점 이상 확보하여 좋은 결과 얻기를 응원하겠습니다.

차 례

Truth of Machine

PART

I

기출문제

PART Ⅰ ▶▶

2020 상반기 한국가스안전공사 기출문제

커트라인: 95점

01 금속재료를 소성변형 영역까지 인장하중을 가하다가 그 인장의 반대방향으로 하중을 가했을 때 항복점과 탄성한도 등이 저하되는 현상을 무엇이라 하는가?

① 크리프
② 변형경화
③ 탄성후기
④ 바우싱거 효과

• 정답 풀이 •

④ **바우싱거 효과:** 금속재료를 소성변형 영역까지 인장하중을 가하다가 그 인장의 반대방향으로 하중을 가했을 때 항복점과 탄성한도 등이 저하되는 현상
① **크리프:** 연성재료가 고온에서 정하중을 받을 때 시간에 따라 변형이 증가되는 현상
② **변형경화:** 결정구조 변화에 의해 저항력이 증대되는 구간
③ **탄성후기:** 소성변형 후에 그 양이 시간에 따라 변화하는 현상 및 그 성질

02 수직응력에 따른 탄성에너지에 대한 설명으로 옳은 것은?

① 응력에 비례하고, 탄성계수에 반비례한다.
② 응력에 비례하고, 탄성계수에 비례한다.
③ 응력의 제곱에 비례하고, 탄성계수에 반비례한다.
④ 응력의 제곱에 비례하고, 탄성계수에 비례한다.

• 정답 풀이 •

$$U=\frac{1}{2}P\lambda=\frac{1}{2}P\left(\frac{PL}{EA}\right)=\frac{P^2L}{2EA}=\frac{P^2}{2EA^2}LA=\frac{\sigma^2}{2E}AL=\frac{\sigma^2}{2E}[\mathrm{J}]$$

[단, 변형량$(\lambda)=\dfrac{PL}{EA}$, V: 체적]

$\therefore \dfrac{U}{V}=u=\dfrac{\sigma^2}{2E}$ (변형에너지밀도, 최대 탄성에너지, 레질리언스 계수)

$U=\dfrac{\sigma^2}{2E}V[\mathrm{J}]$ [단, $\sigma=\varepsilon E$] $\rightarrow$ $U=\dfrac{\varepsilon^2E^2}{2E}V=\dfrac{\varepsilon^2E}{2}V$

$U=\dfrac{1}{2}P\lambda=\dfrac{1}{2}P\left(\dfrac{PL}{EA}\right)=\dfrac{P^2L}{2EA}=\dfrac{P^2}{2}\left(\dfrac{L}{EA}\right)$ [단, $\dfrac{L}{EA}$ = 유연도]

정답 01. ④ 02. ③

03 길이 L의 양단고정보의 중심에 집중하중을 작용시켰더니 1.034cm의 최대 처짐량이 발생했다. 같은 조건에서 단순지지보로 변경했을 때 최대 처짐량은 어떻게 되는가?

① 1.034cm ② 2.068cm
③ 4.136cm ④ 5.170cm

• 정답 풀이 •

양단고정보의 중심에 집중하중이 작용했을 때의 최대 처짐량(δ_{max}) $= \dfrac{PL^3}{196EI}$

단순지지보의 중심에 집중하중이 작용했을 때의 최대 처짐량(δ_{max}) $= \dfrac{PL^3}{48EI}$

→ 단순지지보의 중심에 집중하중이 작용했을 때의 최대 처짐량이 양단고정보의 경우보다 4배가 크므로 $1.034\text{cm} \times 4 = 4.136\text{cm}$가 도출된다.

04 코일스프링에 400N의 하중이 작용하여 0.06m의 처짐량이 발생했을 때, 탄성에너지값은?

① 6J ② 12J ③ 18J ④ 20J

• 정답 풀이 •

$$U = \frac{1}{2}P\delta = \frac{1}{2} \times 400 \times 0.06 = 12\text{N} \cdot \text{m} = 12\text{J}$$

[단, U: 탄성에너지, P: 하중, δ: 처짐량(변형량)]

05 다음 중 크기와 방향이 바뀌는 하중은?

① 전단하중 ② 교번하중
③ 인장하중 ④ 충격하중

• 정답 풀이 •

[동하중(활하중)의 종류]

- 연행하중: 일련의 하중(등분포하중), 기차레일이 받는 하중
- 반복하중(편진하중): 반복적으로 작용하는 하중
- 교번하중(양진하중): 하중의 크기와 방향이 계속 바뀌는 하중(가장 위험)
- 이동하중: 하중의 작용점이 자꾸 바뀐다(예 움직이는 자동차)
- 충격하중: 비교적 짧은 시간에 갑자기 작용하는 하중
- 변동하중: 주기와 진폭이 바뀌는 하중

정답 03. ③ 04. ② 05. ②

06 바깥지름이 d_2, 안지름이 d_1인 중공축의 극단면모멘트값으로 옳은 것은?

① $\frac{\pi}{16}(d_2^4 - d_1^4)$ ② $\frac{\pi}{16}(d_2^3 - d_1^3)$ ③ $\frac{\pi}{32}(d_2^4 - d_1^4)$ ④ $\frac{\pi}{32}(d_2^3 - d_1^3)$

• 정답 풀이 •

$$I_P = I_x + I_y = \frac{\pi(d_2^4 - d_1^4)}{64} + \frac{\pi(d_2^4 - d_1^4)}{64} = \frac{\pi(d_2^4 - d_1^4)}{32}$$

07 굽힘모멘트와 곡률, 곡률반지름에 대한 설명으로 옳지 않은 것은?

① 굽힘모멘트는 곡률반지름에 비례한다.
② 굽힘모멘트가 커지면 곡률반지름이 작아진다.
③ 굽힘모멘트는 곡률과 비례한다.
④ 굽힘모멘트가 0이 되면 곡률반지름은 무한히 커진다.

• 정답 풀이 •

$$\frac{1}{\rho} = \frac{M}{EI}$$

[단, $\frac{1}{\rho}$: 곡률 ρ: 곡률반지름, M: 굽힘모멘트, E: 세로탄성계수, I: 단면 2차 모멘트]

→ 굽힘모멘트는 곡률반지름에 반비례한다.

참고

• 큰 곡률반지름은 상대적으로 곡선이 덜 휜 경우이다.
• 곡률반지름이 무한대가 되면 부분적으로 평평한 곡선이 된다.
• 곡률반지름이 작을수록 상대적으로 곡선이 많이 휜 경우이다.

08 냉동기의 몰리에르 선도에서 y축과 x축이 나타내는 것은?

① 압력 - 비체적
② 압력 - 엔탈피
③ 압력 - 엔트로피
④ 엔탈피 - 엔트로피

• 정답 풀이 •

몰리에르 선도(P-H)는 냉동기 크기 결정, 압축기 열량 결정, 냉동능력 판단, 냉동장치 운전 상태, 냉동기의 효율을 파악할 수 있다.

[몰리에르 선도]

• P-H선도: 냉매 관련, 냉동 장치 해석
• H-S선도: 증기 관련 해석

정답 06. ③ 07. ① 08. ②

09 20kJ의 열이 가해지고 외부에 20kJ의 일을 할 때, 내부에너지의 변화량은?

① −40kJ ② 20kJ ③ 40kJ ④ 내부에너지는 변화 없다.

• 정답 풀이 •

$Q = dU + PdV$
$dU = Q - PdV = 20 - 20$
$\therefore dU = 0$
즉, 내부에너지는 변화 없다.

10 브레이튼 사이클의 열효율값으로 옳은 것은?

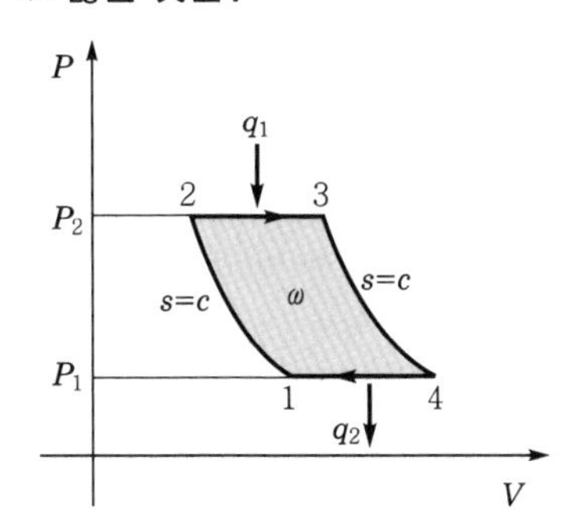

① $\dfrac{T_4 - T_1}{T_3 - T_2}$ ② $\dfrac{T_3 - T_1}{T_4 - T_2}$ ③ $1 - \dfrac{T_4 - T_1}{T_3 - T_2}$ ④ $1 - \dfrac{T_3 - T_1}{T_4 - T_2}$

• 정답 풀이 •

[브레이턴 사이클의 열효율]

$\eta_B = 1 - \dfrac{T_4 - T_1}{T_3 - T_2} = 1 - \left(\dfrac{1}{\gamma}\right)^{\frac{k-1}{k}}$ [단, γ: 압력비, k: 비열비]

11 30kW의 충격을 발생시키는 디젤기관에서 20%의 마찰손실이 발생할 때, 마찰손실에 의해 손실된 출력값은?

① 3kJ/s ② 6kJ/s ③ 9kJ/s ④ 12kJ/s

• 정답 풀이 •

20%의 마찰손실이 발생했으므로 출력에 20%를 곱하여 답을 도출한다.
30kW = 30kJ/s
30kJ/s × 0.2 = 6kJ/s [단, W = J/s]

참고

W는 동력(출력)의 단위로 **단위시간(s)당 얼마의 일(J)을 했는가**를 나타내는 단위이다.

정답 09. ④ 10. ③ 11. ②

12 다음 중 오토사이클과 같은 것은?

① 복합사이클 ② 정적사이클 ③ 정압사이클 ④ 혼합사이클

• 정답 풀이 •

[가스터빈 사이클의 종류]

- **브레이턴 사이클**: 2개의 정압과정과 2개의 단열과정으로 구성되어 있으며, 가스터빈의 이상 사이클이다. 또한, 가스터빈의 3대 요소는 압축기, 연소기, 터빈으로 구성되어 있다.
- **에릭슨 사이클**: 2개의 정압과정과 2개의 등온과정으로 구성되어 있으며, 사이클의 순서는 등온압축 → 정압가열 → 등온팽창 → 정압방열이다.
- **스털링 사이클**: 2개의 정적과정과 2개의 등온과정으로 구성되어 있으며, 사이클의 순서는 등온압축 → 정적가열 → 등온팽창 → 정적방열이다. 또한, 증기원동소의 이상 사이클인 랭킨사이클에서 이상적인 재생기가 있다면 스털링 사이클에 가까워진다. 참고로 역스털링 사이클은 헬륨을 냉매로 하는 극저온 가스냉동기의 기본 사이클이다.
- **아트킨슨 사이클**: 2개의 단열과정과 1개의 정압과정, 1개의 정적과정으로 구성되어 있으며, 사이클의 순서는 단열압축 → 정적가열 → 단열팽창 → 정압방열이다. 디젤사이클과 과정은 같으나, 아트킨슨 사이클은 가스동력 사이클임을 알고 있어야 한다.
- **르누아 사이클**: 1개의 단열과정과 1개의 정압과정, 1개의 정적과정으로 구성되어 있으며, 사이클의 순서는 정적가열 → 단열팽창 → 정압방열이다. 동작물질의 압축과정이 없으며 펄스제트 추진계통의 사이클과 유사하다.

참고

- **사바테사이클**: 가열과정이 정압 및 정적과정에서 동시에 이루어지기 때문에 정압-정적 사이클, 즉 복합사이클 또는 이중연소 사이클이라고 한다(디젤사이클 + 오토사이클, 고속디젤기관의 기본사이클).
- **오토사이클**: 2개의 정적과정과 2개의 단열과정으로 구성되며, 정적연소사이클이라고 한다. 불꽃점화, 즉 가솔린기관의 이상사이클이다.
- **디젤사이클**: 2개의 단열과정과 1개의 정압과정, 1개의 정적과정으로 구성되어 있으며, 정압하에서 열이 공급되고 정적하에서 열이 방출된다. 정압하에서 열이 공급되므로 정압사이클이라고 하며 저속디젤기관의 기본 사이클이다.
- **랭킨사이클**: 2개의 단열과정과 2개의 정압과정으로 이루어져 있으며, 화력발전소의 기본 사이클이다.

13 동작계수가 0.8인 냉동기에 7,600kJ/h의 열량이 가해졌을 때의 동력값은?

① 1.32kW ② 2.64kW ③ 3.96kW ④ 5.28kW

• 정답 풀이 •

$$7{,}600\text{kJ/h} = \frac{7{,}600\text{kJ}}{3{,}600\text{s}} = 2.11\text{kJ/s} = 2.11\text{kW}$$

$$\varepsilon_r = \frac{Q_2}{W} \rightarrow 0.8 = \frac{2.11}{W} \rightarrow \therefore W(\text{동력}) = \frac{2.11}{0.8} = 2.6375\text{kW}$$

정답 12. ② 13. ②

14 압력이 200Pa, 체적의 변화가 0.6m^3일 때 외부에 행한 일의 값은?

① 100J ② 120J ③ 140J ④ 240J

• 정답 풀이 •

$W = PdV = 200 \times 0.6 = 120\text{J}$

15 다음 중 단위에 대한 설명으로 옳지 않은 것은?

① 비중량 - $ML^{-2}T^{-2}$
② 속도 - LT^{-1}
③ 밀도 - $ML^{-3}T$
④ 동점성계수 - L^2T^{-1}

• 정답 풀이 •

① 비중량: $\text{N/m}^3 \rightarrow \frac{(\text{kg})(\text{m/s}^2)}{\text{m}^3} = (\text{kg})(\text{m}^{-2})(\text{s}^{-2}) = ML^{-2}T^{-2}$
② 속도: $\text{m/s} = LT^{-1}$
③ 밀도: $\text{kg/m}^3 = ML^{-3}$
④ 동점성계수: $\text{cm}^2/\text{s} = L^2T^{-1}$

16 수력도약에 대한 설명으로 옳은 것은?

① 개수로 흐름 중 운동에너지가 위치에너지로 변환되는 현상
② 개수로 흐름 중 단면의 직경이 확대되면서 팽창하는 현상
③ 개수로 흐름 중 속도가 빨라지고 깊이가 점점 얕아지는 현상
④ 개수로 흐름 중 상류에서 사류로 변화하는 흐름

• 정답 풀이 •

[수력도약]
- 개수로의 유동에서 빠른 흐름이 갑자기 느린 흐름으로 변할 때 수심이 깊어지면서 **운동에너지가 위치에너지로 변하는 현상**이다.
- **사류(급한 흐름)에서 상류(정적 흐름)**로 바뀔 때 주로 발생한다.
- **급경사에서 완만한 경사**로 바뀔 때 주로 발생한다.

정답 14. ② 15. ③ 16. ①

17 1차 수직 충격파가 발생할 때의 현상으로 옳은 것은?

① 엔트로피가 일정하다.
② 압력, 밀도, 온도가 증가한다.
③ 속도, 밀도, 온도가 증가한다.
④ 속도, 압력, 비중량이 증가한다.

• 정답 풀이 •

[충격파]
• 유체 속에서 전파되는 파동의 일종으로 음속보다도 빨리 전파되어 압력, 밀도, 온도 등이 급격하게 변화하는 파동이다.
• 비가역 현상이므로 엔트로피가 증가한다.
• 매우 좁은 공간에서 기체 입자의 **운동에너지가 열에너지**로 변한다.
• 충격파의 영향으로 **마찰열이 발생**(온도 증가)한다.
• 충격파가 발생하면 **압력, 밀도, 비중량이 증가하며 속도는 감소**한다.
✓ TIP: **속도만 감소한다고 알고 있으면 편하다.**

참고

소닉붐: 음속의 벽을 통과할 때 발생한다. 즉, 물체가 음속 이상의 속도가 되어 음속을 통과하면, 앞서 가던 소리의 파동을 따라잡아 파동이 겹치면서 원뿔모양의 파동이 된다. 그리고 발생한 충격파에 의해 급격하게 압력이 상승하여 지상에 도달했을 때 그것이 소리로 쾅 느껴지는 것이 소닉붐이다.
음속 돌파 → 물체 주변에 충격파 발생 → 공기의 압력 변화로 인한 큰 소음

18 다음 중 압력의 단위가 아닌 것은?

① Pa
② atm
③ N
④ bar

• 정답 풀이 •

N(뉴턴)은 힘의 단위이다. 압력은 $\frac{P}{A} \rightarrow N/m^2$의 단위를 갖는다.

[1atm, 1기압]

101,325Pa	10.332mH_2O	1013.25hPa	1013.25mb
1,013,250$dyne/cm^2$	1.01325bar	14.696psi	1.033227kgf/cm^2
760mmHg	29.92126inchHg	406.782$inchH_2O$	–

19 강의 담금질 작업 중 냉각효과가 가장 좋은 냉각제는?

① 물
② 비눗물
③ 소금물
④ 기름

• 정답 풀이 •

냉각효과가 큰 순서: 소금물(식염수) > 물 > 기름 > 공기

정답 17. ② 18. ③ 19. ③

20 프란틀 혼합거리에 대한 설명으로 옳은 것은?

① 거리에 비례한다.
② 거리에 반비례한다.
③ 거리 제곱에 비례한다.
④ 거리 제곱에 반비례한다.

• 정답 풀이 •

[프란틀의 혼합거리]
- 유체입자가 난류 속에서 자신의 운동량을 상실하지 않고 진행하는 거리
- 프란틀의 혼합거리 $L = ky$(k는 매끈한 원관의 경우 실험치로 0.4)
- 프란틀의 혼합거리는 관벽($y = 0$)에서 0이 된다.
- 관벽으로부터 떨어진 임의의 거리 y에 비례한다.

21 자유와류(free vortex)에서 반지름과 속도의 관계로 옳은 것은?

① 반지름은 속도에 비례한다.
② 반지름은 속도의 제곱에 비례한다.
③ 반지름은 속도에 반비례한다.
④ 반지름은 속도의 제곱에 반비례한다.

• 정답 풀이 •

[와류]
어떤 유체 전체가 어느 축 주위를 회전하는 것을 와류 운동이라고 한다. 크게 분류하면 **와류 운동은 자유와류(free vortex), 강제와류(forced vortex) 그리고 자유와류와 강제와류가 복합된 랭킨와류 (rankine vortex)**가 있다. 그리고 와류 내의 유체 압력은 중심이 가장 낮고 중심에서 멀어질수록 급격하게 상승하며 와류 흐름은 주위의 유선이 나선형 운동을 하는 것을 말한다.

[자유와류]
자연 상태에서 압력 및 위치 차이로 발생하는 와류로 **와류의 중심에서 최대 속도이며 와류의 중심에서 멀어질수록 속도가 감소**한다. 자유와류는 **에너지 소모가 없는 회전 운동**을 한다. 이 자유와류 현상 속에서는 **유선이 동심원 운동을 하게 되고 유속은 회전축과의 반경에 반비례하여 변화**한다.
예 욕조에서 물이 빠져 나가면서 일으키는 현상, 대기 현상 중에서 회오리바람, 태풍 등의 현상에서 볼 수 있다. 또한, 용기 밑 부분의 오리피스에 의해 물이 유출될 때 자유와류가 형성된다.

[강제와류]
에너지를 가해야 발생하는 와류로 **와류의 중심에서는 속도가 0이며 와류 중심에서 멀어질수록 속도가 증가**한다. 또한, 강제와류는 유체이면서도 마치 고체인 것과 같은 회전 운동을 하며 이 운동에너지는 전부 열이 되어 소실된다. 만약, 강제와류 내 모든 입자가 중심축을 기준으로 동일한 각속도를 가질 경우, 강제와류의 각속도, 와류반경, 유속의 관계식은 다음과 같다.

$\omega = \frac{V}{r}$ [단, V: 유속, r: 와류 반경, ω: 강제와류의 각속도]

예 세탁기, 교반기 등이 있다.

정답 20. ① 21. ③

22 관의 바깥지름이 d_2, 안지름이 d_1일 때, 수력반경을 구하는 식으로 옳은 것은?

① $\frac{d_2+d_1}{2}$ ② d_2-d_1 ③ $\frac{d_2+d_1}{4}$ ④ $\frac{d_2-d_1}{4}$

• 정답 풀이 •

수력반경$(R_h)=\frac{A}{P}$

[단, A: 유동단면적, P: 접수길이(물과 벽면이 접해 있는 길이)]

$$R_h=\frac{A}{P}=\frac{\frac{\pi(d_2^2-d_1^2)}{4}}{\pi(d_2+d_1)}=\frac{\pi(d_2^2-d_1^2)}{4\pi(d_2+d_1)}$$

$$=\frac{\pi(d_2+d_1)(d_2-d_1)}{4\pi(d_2+d_1)}=\frac{d_2-d_1}{4}$$

수력지름은 $d=4R_h$이므로 $d=4\left(\frac{d_2-d_1}{4}\right)=d_2-d_1$

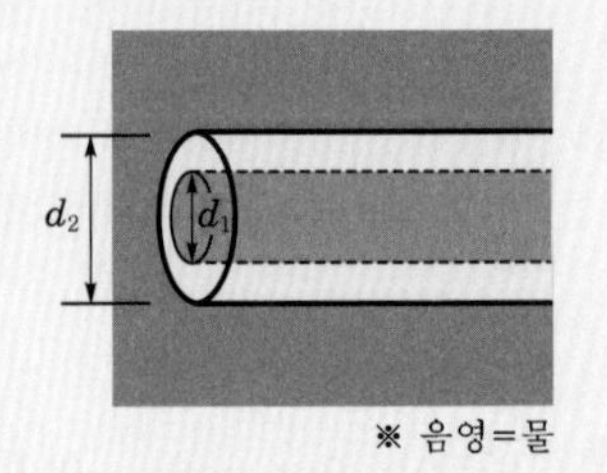

※ 음영=물

23 10°C에서 150°C까지 온도를 높일 때 정적비열이 0.71kcal/kg·°C라면, 내부에너지의 변화량은?

① 99.4kcal/kg ② 131.5kcal/kg ③ 157.2kcal/kg ④ 184.3kcal/kg

• 정답 풀이 •

$Q=C_v\Delta T=0.71\times(150-10)=99.4\text{kcal/kg}$

보기의 단위는 kg으로 제시되어 있으며, 이는 질량이 곱해지지 않았다는 것을 의미한다. 문제에서는 질량이 언급되지 않아 비교적 쉬운 문제에 속하지만 항상 실제 공기업 시험을 볼 때 보기의 단위를 보아 질량을 곱하는지 곱하지 않는지 확인하여 실수를 줄여야 한다.

24 터보제트엔진에서 공기 35kg/s, 연료 1kg/s의 혼합비율일 때, 추력 2,500kg을 발생하는 제트기의 연료분사 속도는?

① 415m/s ② 572m/s ③ 681m/s ④ 735m/s

• 정답 풀이 •

$F=\dot{m}V$

$2,500\times9.8=(35+1)V$

$\therefore V=680.55\text{m/s}$

1kgf = 9.8N이며 kgf에서 f를 생략하고 kg으로 쓰는 경우도 있으니 숙지해야 한다.

정답 22. ④ 23. ① 24. ③

25 다음 중 내연기관이 아닌 것은?

① 증기기관 ② 가솔린기관 ③ 디젤기관 ④ 석유기관

• 정답 풀이 •

[외연기관]
기관 본체 외부에서 연료를 연소시켜 발생되는 열에너지를 물과 같은 유체에 가하여 증기를 만들고 이 증기가 작동유체가 되어 왕복기관이나 증기터빈을 움직여 기계적인 일을 발생시키는 기관이다. 연소라는 화학반응에 의해 발생한 연소가스가 직접 기관을 움직이는 것이 아니라 증기가 기관에서 일을 한다. 즉, 외연기관은 증기기관의 경우 연료의 연소가 보일러 내에서 일어나는 것처럼 기관 이외의 장소에서 연소가 진행된다. 외연기관은 기관의 몸체와는 별도로 연소장치를 가지고 있으며 전열효율이 나쁘며 대형이다. 증기기관, 증기터빈이 이에 해당한다.

[내연기관]
연료의 연소가 기관의 내부에서 이루어진다. 즉, 가스나 액체 상태의 연료와 공기로 된 혼합기, 즉 작동유체를 기관의 연소실 내에서 간헐적으로 폭발 연소시켜 가스의 열에너지를 기계적 에너지(일)로 변환시켜 주는 기관으로 일반적으로 체적형 내연기관이라고 한다. 비교적 높은 출력과 고속 회전을 할 수 있다. 가솔린기관, 디젤기관, 가스터빈 기관, 제트기관, 석유기관, 로켓기관 등이 이에 해당한다.

26 열처리 조직 중 γ철의 고용 또는 응고 시 급랭 조직은?

① 마텐자이트 ② 오스테나이트
③ 트루스타이트 ④ 소르바이트

• 정답 풀이 •

- **오스테나이트:** γ철에 최대 2.11%C까지 용입되어 있는 고용체이며 **고온조직으로 냉각 중에 변태를 일으키지 못하도록 급랭하여 고온에서의 조직(γ철)을 상온에서도 유지시킨 것이다.** 비자성체이며 전기저항이 크고 경도가 낮아 연신율이 크다. 또한, 면심입방격자이다.
- **페라이트:** α고용체라고도 하며 α철에 최대 0.0218%C까지 고용된 고용체로 전연성이 우수하며 A2점 이하에서는 강자성체이다. 또한, 투자율이 우수하고 열처리는 불량하다(체심입방격자).
- **펄라이트:** 0.77%C의 γ고용체(오스테나이트)가 7,275°C에서 분열하여 생긴 α고용체(페라이트)와 시멘타이트(Fe_3C)가 층을 이루는 조직으로 723°C의 공석반응에서 나타난다. 강도가 크며 어느 정도의 연성을 가진다.
- **시멘타이트:** 철과 탄소가 결합된 탄화물로 탄화철이라고 불리며 탄소량이 6.68%인 조직이다. 단단하고 취성이 크다.
- **레데뷰라이트:** 2.11%C의 γ고용체(오스테나이트)와 6.68%C의 시멘타이트(Fe_3C)의 공정조직으로 4.3%C인 주철에서 나타나는 조직이다.

정답 25. ① 26. ②

27 양 롤러 사이의 중심거리 $L=400\text{mm}$일 때, 블록 게이지의 높이(H)는 얼마인가?

[단, $h=40\text{mm}$, $\sin 10^\circ = 0.2$]

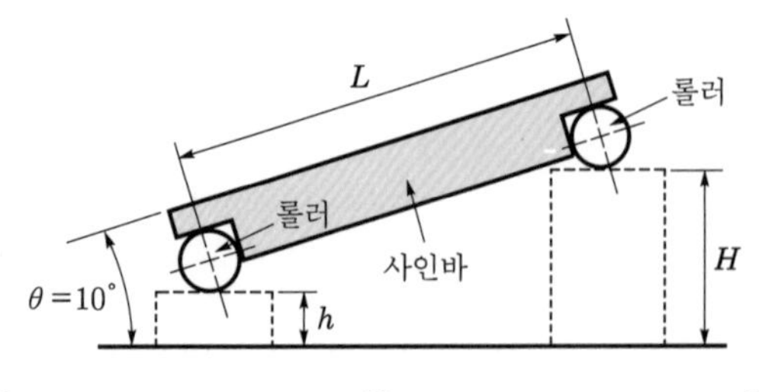

① 40mm　② 80mm　③ 120mm　④ 160mm

• 정답 풀이 •

사인바가 이루는 각(θ)

$\sin\theta = \dfrac{H-h}{L}$ … ㉠

[여기서, L: 양 롤러 사이의 중심거리(호칭 치수), 보통 100mm, 200mm를 사용함]

㉠의 식에 주어진 조건을 대입하면, 사인바의 높은 쪽 높이 H[mm]는

$$\sin\theta = \frac{H-h}{L} \rightarrow \sin 10 = 0.2 = \frac{H-40}{400} \rightarrow \therefore H = 120\text{mm}$$

참고

사인바: 각도를 측정하기 위해 삼각법을 이용하는 측정기구이다. 블록 게이지를 사용하며 $\theta=45°$ 이상이 되면 오차가 심해진다.

28 주물사의 구비조건으로 옳지 않은 것은?

① 성형성이 좋아야 한다.
② 화학적으로 안정적이어야 한다.
③ 무거운 중량을 견딜 정도의 강도를 가져야 한다.
④ 열전도율이 좋아야 한다.

• 정답 풀이 •

[주물사의 구비조건]

- 적당한 강도와 통기성이 좋을 것
- 주물 표면에서 이탈이 용이할 것(=붕괴성이 우수할 것)
- 알맞은 입도 조성과 분포를 가질 것
- **열전도성이 불량**하여 보온성이 있을 것
- 성형성이 좋아야 하며, 충분한 강도가 있어야 하고 화학적으로 안정적일 것

정답 27. ③　28. ④

29 절삭속도가 140m/min, 절삭 깊이가 7mm, 이송속도가 0.35mm/rev, 지름이 100mm인 원형 단면의 길이 600mm를 선삭할 때 걸리는 시간은? [단, $\pi = 3$]

① 약 3분 ② 약 4분 ③ 약 7분 ④ 약 9분

• 정답 풀이 •

[선반의 1회 기준 가공시간(T)]

$$V = \frac{\pi DN}{1,000} \rightarrow N = \frac{1,000\,V}{\pi D} = \frac{1,000 \times 140}{3 \times 100} = 466.67\text{rpm}$$

$$T = \frac{L}{NS} = \frac{600}{466.67 \times 0.35} = 3.67\text{분}$$

[여기서, L: 길이, N: 회전수, S: 이송]

[관련 문제] 선반에 지름 100mm의 재료를 이송 0.25mm/ver, 길이 60mm로 2회 가공시간이 90초일 때, 선반의 회전수[rpm]는?

① 320rpm ② 22rpm ③ 420rpm ④ 520rpm

• 정답 풀이 •

[선반의 1회 기준 가공시간]

이때, 가공시간 T는 min(분)이 기준이므로 1회 기준으로 바꿔주면 1회 가공 시 $\frac{45}{60}$분의 시간이 걸리게 된다($\because$ 2회 90초 → 1회 45초 → $T[\text{min}] = \frac{45}{60}$).

따라서, 회전수 N[rpm]은 다음과 같다.

$$N = \frac{L}{TS} = \frac{60}{\frac{45}{60} \times 0.25} = \frac{60 \times 60 \times 4}{45} = 320\text{rpm}$$

→ 해당 문제는 2회 가공시간으로 주어졌기 때문에 많은 준비생들이 틀린 문제이다. 가공시간 공식은 1회 기준이므로 항상 조심해야 한다.

30 다음 중 전달력이 가장 큰 키는?

① 성크기 ② 접선키 ③ 새들키 ④ 플랫키

• 정답 풀이 •

키의 전달력 크기 순서(회전력, 토크 전달 크기 순서)

세레이션 > 스플라인 > 접선키 > 묻힘키(성크키) > 반달키(우드러프키) > 평키(플랫키) > 안장키(새들키) > 핀키(둥근키)

정답 29. ② [관련 문제]. ① 30. ②

31 테일러의 공구수명식으로 옳은 것은?

① $T^n = \frac{C}{V}$　② $T^n = \frac{V}{C}$　③ $V^n = \frac{C}{T}$　④ $V^n = \frac{T}{C}$

• 정답 풀이 •

[테일러의 공구수명식]

$VT^n = C$

- V는 절삭속도, T는 공구수명이며 공구수명에 가장 큰 영향을 주는 것은 절삭속도이다.
- C는 공구수명을 1분으로 했을 때의 절삭속도이며 일감, 절삭조건, 공구에 따라 변한다.
- n은 공구와 일감에 의한 지수로 세라믹 > 초경합금 > 고속도강 순으로 크다.
- 테일러의 공구수명식을 대수선도로 표현하면 직선으로 표현된다.

32 필릿 용접에 대한 설명으로 옳은 것은?

① 2장의 판을 T자 형으로 맞붙이기도 하고, 겹쳐 붙이기도 할 때 생기는 코너 부분을 용접
② 산화철 분말과 알루미늄 분말의 혼합물을 이용하는 용접
③ 플러그 용접의 구멍 대신 가늘고 긴 홈을 만들어 하는 용접
④ 접합하고자 하는 모재의 한쪽에 구멍을 뚫고 용접하여 다른 쪽의 모재와 접합하는 용접

• 정답 풀이 •

필릿 용접: 용접할 부재를 직각으로 겹쳐(ㅜ, ㅗ 형태 등) 코너 부분을 용접하는 방법이다.
② 테르밋 용접에 대한 설명이다.
③ 슬롯 용접에 대한 설명이다. 플러스 용접의 둥근 구멍 대신에 가늘고 긴 홈에 비드를 붙이는 용접법이다.
④ 플러그 용접에 대한 설명이다.

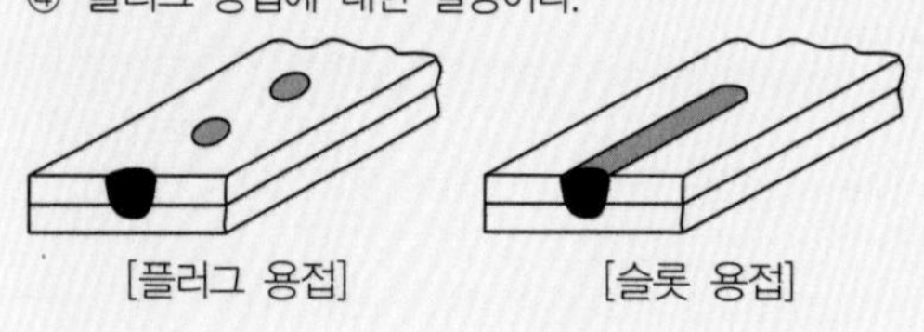

[플러그 용접]　[슬롯 용접]

33 모듈(m)이 6이며, 잇수가 각각 $Z_1 = 60$, $Z_2 = 85$인 기어의 중심거리(C)는 얼마인가?

① 145mm　② 290mm　③ 435mm　④ 870mm

• 정답 풀이 •

$$C = \frac{D_1 + D_2}{2} = \frac{mZ_1 + mZ_2}{2} = \frac{m(Z_1 + Z_2)}{2} = \frac{6(60+85)}{2} = 435\text{mm}$$

[단, $D = mZ$]

정답 31. ① 32. ① 33. ③

34 다음의 용접 방법 중 열손실 가장 작은 방법은?

① 플래시 용접 ② 전자빔 용접 ③ 피복아크 용접 ④ 불가시 용접

• 정답 풀이 •

각 용접마다 시험에 자주 출제되는 각 용접의 키포인트 특징을 정리해두었으니 꼭 암기하자.

- **마찰용접: 선반과 비슷한 구조**로 용접을 실시하며 **열영향부**(Heat affected zone, HAZ)를 가장 좁게 할 수 있는 용접이다(**서울시설공단, SH, 중앙공기업 등 기출**).
- **전자빔 용접:** 진공 상태에서 용접을 실시하며 장비가 고가이다. 용점이 높은 금속에 적용이 가능하며 용입이 깊다. 그리고 **열 변형이 매우 작으며** 사용범위가 넓고 기어 및 차축 용접에 사용되는 용접이다.

✓ [TIP] 전자빔 용접은 거의 다 좋은 특징을 가지고 있으며, 장비가 고가이다. 암기가 어려우면 특징이 거의 다 좋다고 생각하고 특징을 눈으로 숙지하자.

- **산소용접: 열영향부**(Heat affected zone, HAZ)가 넓다(**서울시설공단 기출**).
- **불가시 아크 용접:** 모재 표면 위에 미세한 입상의 용제를 살포하고 이 용제 속에 용접봉을 쑤셔 박아 용접하는 방법이다. 서브머지드 아크 용접, 자동금속 아크 용접, 유니언 멜트, 링컨 용접, 잠호 용접과 같은 말이며 **열손실이 작은 용접법**이다. 그 이유는 용제를 용접부 표면에 덮고 심선이 용제 속에 들어 있어 아크가 발생될 때 열 발산이 적기 때문이다.

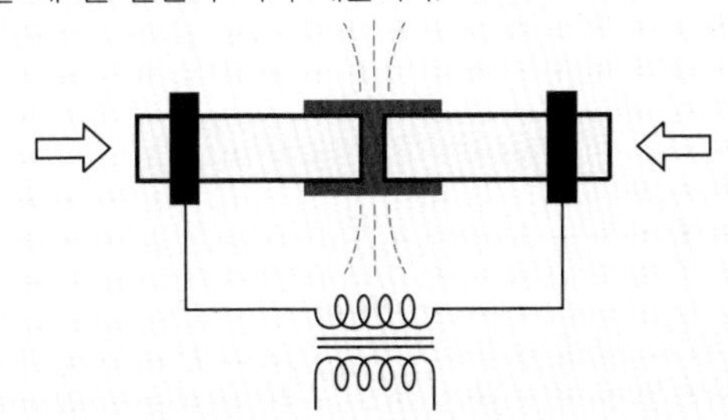

- **플래시 용접**
  - 두 모재에 전류를 공급하고 서로 가까이 하면 **접합할 단면과 단면 사이에 아크가 발생**해 고온의 상태로 **모재를 길이방향으로 압축하여 접합**하는 용접이다. 즉, 철판에 전류를 통전하여 **외력**을 이용해 용접하는 방법으로 비소모 용접방법이다.
  - 용접할 재료를 적당한 거리에 놓고 서로 서서히 접근시켜 용접 재료가 서로 접촉하면 돌출된 부분에서 전기 회로가 생겨 이 부분에 전류가 집중되어 스파크(spark)가 발생되고 접촉부가 백열 상태로 된다. 용접부를 더욱 접근시키면 다른 접촉부에도 같은 방식으로 스파크가 생겨 모재가 가열됨으로써 용융 상태가 되면 강한 압력을 가하여 압접하는 방법이다.
  - 레일, 보일러 파이프, 드릴의 용접, 건축재료, 파이프, 각종 봉재 등 중요 부분 용접에 사용한다.
- **테르밋 용접:** 알루미늄과 산화철의 분말을 혼합한 것을 테르밋이라고 하며, 이것에 점화시키면 강력한 화학 작용으로 알루미늄은 산화철을 환원하여 유리시키고 알루미나(Al_2O_3)가 된다. 이때의 화학 반응열로 3,000°C 정도의 고열을 얻을 수 있어 용융된 철을 용접 부분에 주입하여 모재를 용접하는 방법이다.
  - 작업이 단순하고 결과의 재현성이 높으며 전력이 필요 없다.
  - 용접용 기구가 간단하고 설비비가 저렴하며, 장소이동이 용이하다.
  - 작업 후의 변형이 작고 용접접합강도가 낮다. 또한, 용접하는 시간이 비교적 짧다.

정답 34. ④

35 원주속도가 10m/s이고 마찰차에 동력이 6PS가 작용할 때, 마찰차를 누르는 힘은? [단, 마찰계수 0.2]

① 1,418N ② 2,205N ③ 3,737N ④ 4,277N

• 정답 풀이 •

1kW = 1.36PS이므로 1PS = 0.735kW이다.
따라서 6PS = 0.735 × 6 = 4.41kW이다.

$$H = 4.41\text{kW} = \frac{\mu PV}{1{,}000} = \frac{0.2 \times P \times 10}{1{,}000}$$

$\therefore P = 2{,}205\text{N}$

36 θ를 radian에서 degree(도)로 변환하는 공식으로 옳은 것은?

① $\frac{\pi}{180}\theta$ ② $\frac{180}{\pi \times \theta}$ ③ $\frac{180}{\pi}\theta$ ④ $\frac{\pi}{180 \times \theta}$

• 정답 풀이 •

[도(°, degree)]
- 원 1바퀴를 360°로 표현하는 방법이다.
- 반원은 180°, 직각은 90°로 표현한다.

[라디안(rad, radian)]
- 1rad은 원주 호의 길이가 반지름과 같은 길이가 될 때의 각도로 정의한다.
- 1rad을 도(°, degree)로 환산하면 약 57.3°이다.

37 금속의 성질 중 기계적 성질이 아닌 것은?

① 용접성 ② 인성 ③ 취성 ④ 피로

• 정답 풀이 •

- **기계적 성질:** 강도, 경도, 전성, 연성, 인성, 탄성률, 탄성계수, 항복점, 내력, 연신율, 굽힘, 피로, 인장강도, 취성 등
- **물리적 성질:** 비중, 용융점, 열전도율, 전기전도율, 열팽창계수, 밀도, 부피, 온도, 비열 등
- **화학적 성질:** 내식성, 환원성, 폭발성, 생성엔탈피, 용해도, 가연성 등
- **제작상 성질:** 주조성, 단조성, 절삭성, 용접성 등

정답 35. ② 36. ③ 37. ①

38 250kg의 하중이 작용하는 스프링에서 처짐이 20cm일 때 스프링상수는?

① 12.5kg/cm ② 15.5kg/cm ③ 18.5kg/cm ④ 21.5kg/cm

• 정답 풀이 •

$F = k\delta$

$k = \frac{F}{\delta} = \frac{250}{20} = 12.5\text{kg/cm}$

39 다음 중 마텐자이트의 조직으로 옳은 것은?

① 침상 조직 ② 쇄상 조직 ③ 망상 조직 ④ 층상 조직

• 정답 풀이 •

침상 조직: 침상(길고 끝이 뾰족한 조직)을 나타내는 조직으로 **마텐자이트, 하부 베이나이트**가 대표적인 침상 조직이다.

40 다음 탄소공구강 중 탄소함유량이 가장 많은 것은?

① STC1 ② STC2 ③ STC3 ④ STC4

• 정답 풀이 •

[STC 탄소공구강]

STC1	STC2	STC3	STC4
1.3~1.5% C	1.1~1.3% C	1.0~1.1% C	0.9~1.0% C

- STC1: 고탄소강으로 줄, 톱날, 정의 재질로 많이 쓰인다.
- 탄소공구강은 **1번~7번**까지의 공구강이 있으며 번호가 커질수록 탄소함유량이 적다.
- 탄소공구강은 탄소량이 0.6~1.5% 정도 함유된 고탄소강으로 P(인), S(황), **비금속 개재물이 적고** 담금질, 뜨임 처리를 해서 사용한다.

암기

SM	기계구조용 탄소강	GC	회주철	STC	탄소공구강
SBV	보일러 및 압력용기용 합금강류	SC	주강품	SS	일반구조용 압연강재
SKH, HSS	고속도강	SWS	용접구조용 압연강재	SK	자석강
WMC	백심가단주철	SBB	보일러용 압연강재	SF	단조품
BMC	흑심가단주철	STS	합금공구강	SPS	스프링강
DC	구상흑연주철	SNC	Ni-Cr 강재	SEH	내열강

정답 38. ① 39. ① 40. ①

2020 상반기 한국가스안전공사 기출문제에 대한 총평

2020 상반기 한국가스안전공사 기계직 필기시험에 대한 의견을 정리하면, 전체적으로 난이도는 ■□□□□ "하"라고 생각합니다. 지금까지 저자가 응시한 시험 중에서 가장 쉽지 않았나 생각이 듭니다. 시험 난이도가 평균적으로 기사 수준인 회사로는 한국수력원자력이 대표적입니다. 하지만, 이번 2020 상반기 한국가스안전공사 필기시험의 난이도는 기사 과년도 기출보다 더 쉽게 느껴졌습니다. 따라서 그야말로 폭넓고 깊이 있게 열심히 공부한 사람과, 기사만 공부한 사람과 큰 차이가 없을 정도로 변별력이 없었습니다. 이로 인해 전공 커트라인 점수가 95점 정도 되는 것 같습니다. 수험생들이 틀릴 수도 있을 법한 문제는 "와류 관련", "열처리 조직" 관련 문제 정도라고 생각합니다.

기출문제에 대한 총평을 문답식으로 다시 정리하면,

Q1. 2019 한국가스안전공사 필기시험은 쉬웠나요?
⇨ 쉽지 않았습니다. 2019년의 경우 전체 공기업의 평균 난이도는 ■■■□□ "중"이었습니다. 열전달 관련 문제도 출제되었습니다.

Q2. 그렇다면 2020년도에는 왜 난이도가 확 낮아졌나요?
⇨ 난이도는 같은 회사라도 시기마다 다르고, 어떤 과목의 문제가 출제될지 누구도 예측할 수 없습니다. 따라서 어려운 방향으로 힘겹게 스트레스 받아가면서 하는 것이 진짜 공부라고 생각합니다.
제 경험상 또는 지인들의 경험담을 토대로 말씀드리자면, 일반기계기사로만 공부한다면 1년 내내 공기업 시험을 응시한다고 가정했을 때 10번 중 1~3번 정도 붙습니다. 만약 그 시험에 붙었다는 것은 일반기계기사 과년도 문제 수준에서 크게 벗어나지 않고 어렵지 않은 시험이었으며 자신이 공부하지 않은 과목(열전달, 기계제도, 내연기관, 동역학 등)에서 출제가 되지 않은 아주 운 좋은 시험일 가능성이 큽니다.

Q3. 친구나 지인 등 제 주변 사람들은 일반기계기사만 공부하고 합격했다고 하고, 다른 현직에 있는 분들도 일반기계기사 과년도만 공부해도 충분하다고 하던데요?

⇨ 네, 필자도 한국중부발전 입사 당시에 일반기계기사 정도만 보고 합격했습니다. 지금보다 기계일반 분야에 대해 폭넓게 알지 못했는데 어떻게 합격했을까요? 위에서 말씀드렸듯이 운이 좋았던 시험이라고 생각합니다. 제 생각에 합격한 현직에 계신 분은 운이 좋아서 쉬운 시험을 봤을 확률이 큽니다. 일반기계기사 과년도 수준으로 공부하고 난이도가 조금 어려운 시험을 응시하게 되면 크게 후회하게 될 것입니다. 만일 저도 한국중부발전에서 이직하지 않고 안주하며 시험을 더 이상 응시하지 않았다면, "일반기계기사 정도만 봐도 충분히 합격할 수 있어요."라고 오픈채팅방에서 말했을 것입니다.

Q4. 저번 ○○시험에 동역학 나왔나요? 혹은 저번 ○○시험에 열전달, 기계설계 나왔나요?

⇨ 수능에도 물수능, 불수능이 있듯이, 공기업 시험도 마찬가지입니다. 다음 시험에는 어떤 문제가 출제될지, 난이도가 높을지 아무도 모릅니다. 따라서 저번 ○○시험에 동역학 나왔나요? 혹은 저번 ○○시험에 열전달, 기계설계 나왔나요? 등은 정말 의미 없는 질문입니다. 일단 깊고 넓게 열심히 공부하는 것이 스스로의 경쟁력을 높이는 것이며, 난이도가 어렵든 쉽든 간에 면접에 갈 수 있는 기회가 남들보다 많아진다고 생각합니다. 당연히 전공도 생각하면서 스스로 고민하면서 열심히 공부한다면 사고력이 깊어지고 지식도 쌓여 직무 면접, 피티 면접에서 실력을 발휘할 수 있을 것입니다. 이것은 제 경험담입니다. 그냥 열심히 공부하세요. 공부하다 보면 어느 순간 늘 전공이 90점대에 머물게 될 것이고, 도전하는 시험에 합격할 확률이 높아집니다. 필자는 전공 점수가 늘 90점대 중후반으로 나옵니다. 이로 인해 공기업 필기시험에 수십 번 합격한 경험이 있습니다. 열심히 공부해서 스스로의 경쟁력을 키우시기 바랍니다.

Truth of Machine

PART II

실전 모의고사

1회 실전 모의고사

1문제당 2점 / 점수 [ ]점

→ 정답 및 해설: p.40

01 유압장치에 관한 설명으로 옳은 것은? [한국동서발전, 한국환경공단 등 다수 공기업 기출 변형]

① 액추에이터(유압실린더, 유압모터)는 유압에너지를 기계에너지로 변환시켜주는 기기이다.
② 유압장치는 입력에 대한 출력의 응답이 빠르며 소형장치로 큰 출력을 얻을 수 있다.
③ 유압장치는 오염물질에 민감하며 배관이 까다롭고 에너지의 손실이 크다.
④ 비압축성이어야 정확한 동력을 전달할 수 있고 유압장치는 과부하에 대해 안전장치로 만드는 것이 용이하다.

02 피치가 3mm인 두 줄 나사를 90° 회전시켰을 때 축 방향으로 이동하는 거리는 얼마인가? [다수 공기업 기출]

① 6mm
② 3mm
③ 27mm
④ 1.5mm

03 평면응력 상태와 관련된 주응력과 전단응력에 대한 설명으로 옳지 못한 것은? [다수 공기업 기출 변형]

① 모어원을 통해 최대전단응력, 최대주응력, 최소주응력, 주응력의 방향을 알 수 있다.
② 주응력은 면에 작용하는 최대수직응력과 최소수직응력을 말한다.
③ 평면응력상태에서 $\sigma_x=20\text{MPa}$, $\sigma_y=4\text{MPa}$, $\tau_{xy}=6\text{MPa}$이라면, 최대주응력 σ_1은 22MPa이다.
④ 최대전단응력의 크기는 최대수직응력과 최소수직응력의 합을 반으로 나눈 값이다.

04 완전 복사체(흑체)로부터 에너지 방사 속도는? [단, $\frac{q}{A}$: 단위면적당 전열량, σ: 스테판-볼츠만 상수, T: 절대온도] [5대 발전사 등 기출]

① $\frac{q}{A}=\sigma T^{\frac{1}{4}}$
② $qA=\sigma T^4$
③ $\frac{q}{A}=\sigma T^4$
④ $\frac{q}{A}=\frac{T^4}{\sigma}$

05 펌프의 비교회전도를 구하는 식으로 옳은 것은? [단, n: 펌프의 임펠라 회전수(rpm), Q: 유량(m^3/min), H: 전양정(m)] [LH공사, 도시공사, 시설공단 등 다수 공기업 기출]

① n_s(비교회전도)$= \dfrac{n\sqrt{Q}}{H^{\frac{3}{4}}}$
② n_s(비교회전도)$= \dfrac{n\sqrt{Q}}{H^{\frac{4}{3}}}$
③ n_s(비교회전도)$= \dfrac{n\sqrt{Q}}{H^{\frac{3}{2}}}$
④ n_s(비교회전도)$= \dfrac{n\sqrt{Q}}{H^{\frac{2}{3}}}$

06 열역학에 대한 설명 중 옳지 않은 것은? [다수 공기업 기출 변형]

① 평형상태에서 시스템의 주요 변수는 시간이 아닌 온도이다.
② 내부에너지는 분자 간 운동 활동성을 나타내며, 물체가 가지고 있는 총에너지로부터 역학에너지와 전기에너지를 포함한 에너지를 말한다.
③ 줄의 법칙에 의거하여 완전가스 상태에서 내부에너지와 엔탈피는 온도만의 함수이다.
④ 엔탈피는 열의 함량을 나타내며, 엔트로피는 무질서도를 나타낸다.

07 무인 엘리베이터는 무슨 제어인가? [2018 하반기 인천국제공항공사 기출]

① 추종 제어
② 프로그램 제어
③ 시퀀스 제어
④ 서보 제어

08 프로세스 제어의 제어량으로 옳은 것은? [2020 서울산업진흥원 등 다수 공기업 기출]

① 위치
② 압력
③ 방위
④ 자세

09 액백(리퀴드 백 현상)에 대한 설명으로 옳지 않은 것은? [2018 하반기 인천국제공항공사 기출 변형]

① 액백 현상은 증발기에서 모든 냉매액이 증발되지 못하고 약간의 냉매액이 혼합되어 압축기로 넘어가는 현상을 말한다.
② 액백 현상은 냉매가 과충전될 때, 액분리기가 불량할 때, 팽창밸브의 개도가 작을 때 발생할 수 있다.
③ 액백 현상이 발생하면 압축기의 효율이 저하되거나 고장의 원인이 될 수 있다.
④ 액백 현상을 방지하기 위해 액분리기는 압축기와 응축기 사이에 설치해야 한다.

10 배관 보온재의 구비조건으로 옳지 않은 것은? [2018 하반기 인천국제공항공사 기출]

① 다공성일 것
② 열전도율이 작고 비중이 작을 것
③ 사용온도에 견딜 수 있고 기계적 강도가 클 것
④ 흡수성이 클 것

11 다음 중 외형선을 그리는 데 사용하는 선은 무엇인가? [2018 하반기 서울시설공단 기출]

① 가는 파선 ② 가는 1점 쇄선 ③ 가는 실선 ④ 굵은 실선

12 상대습도, 절대습도 등과 관련된 설명으로 옳지 않은 것은?
[2018 하반기 인천국제공항공사, 2019 LH공사 기출 변형]

① 습구온도와 건구온도가 같다는 것은 상대습도가 100%인 포화공기임을 뜻한다.
② 공기를 냉각하면 상대습도는 높아지고 공기를 가열하면 상대습도는 낮아진다.
③ 공기를 냉각하거나 가열하여도 절대습도는 변하지 않는다.
④ 공기를 감습하면 건구온도가 증가하고 공기를 가습하면 건구온도가 감소한다.

13 냉간단조의 종류가 아닌 것은? [2018 하반기 서울시설공단 기출]

① 스웨이징 블록 ② 콜드헤딩 ③ 프레스 단조 ④ 코이닝

14 절삭속도와 이송속도의 단위를 옳게 짝지은 것은? [도시공사 등 지방공기업 다수 기출]

① m/min, mm/rev ② m^2/s, mm/s
③ m^2/s, mm/hr ④ m/min, mm/s

15 다음 보기 중에서 압력의 크기가 가장 작은 것은? [2018 하반기 인천국제공항공사 등 다수 공기업 기출]

① 2.0265bar ② 14.696psi ③ 540mmHg ④ 0.0712MPa

16 어떤 이상기체의 정적비열과 기체상수가 각각 6kJ/kg · K, 3kJ/kg · K라면 이 기체의 정압비열은? [한국서부발전, 한국동서발전 등 다수 공기업 기출]

① 3kJ/kg · K ② 6kJ/kg · K ③ 9kJ/kg · K ④ 12kJ/kg · K

17 대기압이 14.696psi, 게이지압력이 1,520mmHg일 때 절대압력은 얼마인가? [다수 공기업 기출]

① 303.975mb
② 303.975hPa
③ 0.303975bar
④ 89.76inchHg

18 복합발전은 1차(가스터빈, 브레이턴 사이클) + 2차(증기터빈, 랭킨사이클)로 구성되어 있다. 구체적으로 가스터빈 사이클은 압축기에서 LNG연료를 압축시켜 고온, 고압 상태로 만들고 연소기에서 LNG연료를 연소시킨다. 그리고 연소된 LNG가스는 가스터빈으로 들어가 가스터빈을 구동시키고 1차 팽창일을 얻는다. 그리고 버려지는 열량은 배열회수보일러(HRSG)를 통해 가스터빈을 돌릴 때 배출되는 에너지를 회수하여 다시 고온, 고압의 증기로 만들어 증기터빈을 가동한다. 다음 중 복합발전의 주요기기 구성이 아닌 것은 무엇인가? [한국중부발전 등 필수 중요 문제]

① HRSG ② 가스터빈 ③ 탈황설비 ④ 압축기

19 배관의 반지름이 20mm일 때, 유량이 $0.16\mathrm{m^3/s}$ 라면 유체가 흐르는 유속은? [단, $\pi = 3$으로 계산한다] [다수 공기업 기출]

① 33.33m/s ② 133.33m/s ③ 333.33m/s ④ 533.33m/s

20 질량이 M이고 반지름이 R인 어떤 속이 꽉 차 있는 구가 구 중심을 지나는 축에 대해서 회전운동을 하고 있고 이때의 각속도가 ω였다. 그렇다면 지름이 $4R$이고 질량이 M인 속이 꽉 차 있는 구가 반지름이 R인 구와 동일한 각 운동량을 가지면서 중심축에 대해서 회전운동을 한다면 지름이 $4R$인 구의 각속도는 얼마인가? [필수 중요 문제]

① 4ω ② $\dfrac{1}{16}\omega$ ③ 16ω ④ $\dfrac{1}{4}\omega$

21 다음에서 설명하는 자동화 생산 방식은 무엇인가? [2018 하반기 인천국제공항공사 기출 변형]

> 컴퓨터에 의한 통합적 생산시스템으로 컴퓨터를 이용해서 기술개발 · 설계 · 생산 · 판매 및 경영까지 전체를 하나의 통합된 생산 체제로 구축하는 시스템이다.

① DNC(Distributed Numerical Control)
② FMS(Flexible Manufacturing System)
③ CAM(Computer Aided Manufacturing)
④ CIMS(Computer Integrated Manufacturing System)

22 공기조화설비의 주요 구성 장치로 옳지 않은 것은? [한국남부발전 등 다수 공기업 기출]

① 열 운반 장치 ② 열원 장치
③ 공기처리 장치 ④ 자동제어설비

23 세라믹과 관련된 설명으로 옳지 못한 것은? [인천교통공사 등 다수 공기업 기출 변형]

① 열전도율이 낮기 때문에 내화제로 사용된다.
② 금속과 친화력이 크기 때문에 구성인선이 발생하지 않는다.
③ 경도는 1,200°C까지 변화가 없으며 충격에 약하다.
④ 도기라는 뜻으로 점토를 소결한 것이며 알루미나 주성분에 Cu, Ni, Mn을 첨가한 것이다.

24 NC프로그램에서 보조기능인 M코드에서 M00, M02, M06, M30의 기능은 각각 무엇인가? [2019 한전KPS 등 다수 공기업 기출 변형]

① 프로그램 정지, 프로그램 종료, 공구 교환, 프로그램 종료 후 리셋
② 프로그램 정지, 프로그램 종료, 공구 교환, 보조프로그램 호출
③ 프로그램 정지, 선택적 프로그램 정지, 공구 교환, 프로그램 종료 후 리셋
④ 프로그램 정지, 선택적 프로그램 정지, 공구 교환, 심압대 스핀들 전진

25 차압식 유량계의 종류로 옳은 것은? [필수 중요 문제]

① 로타미터 ② 피에조미터 ③ 오리피스 ④ 시차액주계

26 비중이 0.6인 어떤 나무로 목형을 만들었을 때의 무게가 3.5kg이다. 이때, 주물의 무게는 얼마인가? [단, 주물의 재료는 주철이며 주철의 비중은 7.2이다] [2016 다수 공기업 기출 등]

① 0.29kg ② 1.23kg ③ 15.12kg ④ 42kg

27 압입자에 1~120kgf의 하중을 걸어 자국의 대각선 길이로 경도를 측정하는 방법은 비커스 경도시험법이다. 하중이 100kgf이고 대각선의 길이가 3mm일 때, 비커스 경도값은 얼마인가? [발전사 등 다수 공기업 기출 및 필수 중요 문제]

① 10.3kgf/mm^2 ② 61.8kgf/mm^2
③ 33.3kgf/mm^2 ④ 20.6kgf/mm^2

28 다음은 플래핑 현상의 발생조건에 대한 설명이다. [ ] 안에 들어갈 말로 알맞은 것은?

[2019 경기도시공사 기출]

> 플래핑 현상은 원동 풀리와 종동 풀리 사이의 축간거리가 [가깝고/멀고], [고속/저속]으로 벨트가 운전될 때 벨트가 마치 파도를 치는 듯한 현상이다.

① 가깝고, 고속
② 멀고, 고속
③ 가깝고, 저속
④ 멀고, 저속

29 냉동기의 기본 4대 요소로 가장 옳은 것은? [2019 한국중부발전 등 다수 공기업 기출]

① 증발기, 압축기, 유분리기, 액분리기
② 증발기, 압축기, 수액기, 팽창밸브
③ 증발기, 압축기, 응축기, 팽창밸브
④ 증발기, 압축기, 액분리기, 팽창밸브

30 두께가 20mm인 탄소강판에 반지름 50mm의 구멍을 펀치로 뚫을 때의 전단력이 30,000kgf이다. 이 탄소강판에 발생하는 전단응력[kgf/mm^2]은 얼마인가? [단, $\pi = 3$] [다수 공기업 기출]

① 5kgf/mm^2
② 10kgf/mm^2
③ 15kgf/mm^2
④ 20kgf/mm^2

31 여러 윤활제와 관련된 설명으로 옳지 않은 것은? [필수 중요 문제]

① 실리콘유는 규소수지 중의 기름 형태인 것으로 내열성과 내한성이 우수하며 가격이 매우 싸다.
② 고체윤활제의 종류로는 활성, 운모, 흑연 등이 있다.
③ 극압유는 인, 황, 염소, 납 등의 극압제를 첨가한 윤활제이다.
④ 동물성유는 유동성과 점도가 우수하다.

32 주철에 대한 설명으로 옳지 않은 것은? [2019 한국가스공사 등 다수 공기업 기출]

① 절삭 가공할 때 주철은 절삭유를 사용하지 않는다.
② 주철은 압축강도가 크고 주조성과 마찰저항이 우수하다.
③ 주철은 가공이 어렵지만 절삭성은 우수하다.
④ 주철은 담금질, 뜨임, 단조가 불가능하다.

33 **캠의 압력각을 줄이는 방법으로 옳지 않은 것은?** [에너지 공기업, 공항 등 다수 공기업 기출]

① 기초원의 직경을 증가시킨다.
② 종동절의 전체 상승량을 줄이고 변위량을 변화시킨다.
③ 종동절의 변위에 대해 캠의 회전량을 감소시킨다.
④ 종동절의 운동 형태를 변화시킨다.

34 **외접마찰차에서 축간거리가 900mm, $N_1 = 300\text{rpm}$, $N_2 = 150\text{rpm}$ 일 때 원동차와 종동차의 지름 D_1, D_2는 각각 얼마인가?** [다수 공기업 기출]

① 1,200mm, 600mm
② 800mm, 1,000mm
③ 600mm, 1,200mm
④ 1,000mm, 800mm

35 **수격현상은 배관 속의 유체 흐름을 급히 차단시켰을 때 유체의 운동에너지가 압력에너지로 전환되면서 배관 내에 탄성파가 왕복하게 되어 배관이 파손되는 현상이다. 그렇다면 수격현상을 방지하는 방법으로 옳지 않은 것은?** [다수 공기업 기출]

① 관로 내의 유속을 통상적으로 1.5~2.0m/s로 낮게 설정한다.
② 조압수조를 관선에 설치하여 적정 압력을 유지한다.
③ 펌프 송출구에 수격을 방지하는 체크밸브를 달아 역류를 막는다.
④ 회전체의 관성 모멘트를 작게 한다.

36 **냉각쇠에 대한 설명으로 옳지 않은 것은 무엇인가?** [2017 서울시설공단 등 다수 공기업 기출]

① 주물 두께 차이에 따른 응고속도 차이를 줄이기 위해 사용된다.
② 냉각쇠는 주물 두께가 두꺼운 부분에 설치한다.
③ 수축공을 방지하기 위해 사용된다.
④ 주물의 냉각속도를 저하시켜 주물에 발생하는 결함을 방지한다.

37 **1냉동톤은 [A]°C의 물 [B]ton을 [C]분 이내에 [D]°C의 얼음으로 바꾸는 데 제거해야 할 열량 및 그 능력이다. 빈칸 A+B+C+D를 모두 더한 값은?** [다수 공기업 기출]

① 25
② 225
③ 1,441
④ 1,641

38 헬리컬기어와 관련된 설명으로 옳지 않은 것은? [시설공단 등 다수 공기업 기출]

① 헬리컬기어는 두 축이 평행한 기어이다.
② 축 방향으로 추력이 발생하기 때문에 스러스트 베어링을 사용한다.
③ 최소 잇수가 평기어보다 적어 큰 회전비를 얻을 수 있다.
④ 더블헬리컬기어는 비틀림각의 방향이 서로 반대이고 크기가 다른 한 쌍의 헬리컬기어를 조합한 기어이다. 비틀림각의 방향을 서로 반대로 놓아 기존 헬리컬기어에서 발생하는 추력을 없앨 수 있다.

39 잔류응력과 관련된 설명으로 옳은 것은 모두 몇 개인가? [다수 공기업 기출]

- 잔류응력은 상의 변화, 온도구배, 불균일 변형이 제일 큰 원인이다.
- 잔류응력이 존재하는 표면을 드릴로 구멍을 뚫으면 그 구멍이 타원형상으로 변형될 수 있다
- 실온에서 장시간 이완 작용을 증가시키면 잔류응력을 경감시킬 수 있다.
- 소성변형을 추가하여 잔류응력을 경감시킬 수 있다.

① 1개 ② 2개 ③ 3개 ④ 4개

40 다음 중 절삭공정에 포함된 것은 모두 몇 개인가? [2019 한국중부발전 기출 변형]

선삭, 밀링, 드릴링, 평삭, 방전

① 2개 ② 3개 ③ 4개 ④ 5개

41 브라인의 구비조건으로 옳은 것은? [2018 인천국제공항공사 기출]

① 비열이 클 것
② 금속에 대한 부식성이 없을 것
③ 점도가 작을 것
④ 열전도율이 클 것

42 공기압축기의 규격을 표시할 때 사용하는 단위는? [공항, 가스 등 기출]

① m/min
② m^3/min
③ m^3/kg
④ kg/m^2

43 NC공작기계의 특징 중 옳은 것을 모두 고르면 몇 개인가? [다수 공기업 기출 변형]

- 공구가 표준화되어 공구수를 줄일 수 있는 장점을 가지고 있다.
- 다품종 소량생산 가공에 적합하다.
- 공장의 자동화 라인을 쉽게 구축할 수 있다.
- 항공기 부품과 같이 복잡한 형상의 부품가공 능률화가 가능하다.
- 인건비 및 제조원가가 비싸진다.
- 가공조건을 일정하게 유지할 수 있고 생산성이 향상되지만 공구 관리비는 증가된다.

① 2개 ② 3개 ③ 4개 ④ 5개

44 주로 반복하중이 작용하는 스프링에 적용시켜 피로한도를 높이는 방법은 숏피닝이다. 숏피닝에 대한 설명으로 옳지 못한 것은? [다수 공기업 기출 변형]

① 숏피닝은 샌드블라스팅의 모래 또는 그릿 블라스팅의 그릿 대신에 경화된 작은 강구를 일감의 표면에 분사시켜 피로강도 및 기계적 성질을 향상시키는 가공 방법이다.
② 숏피닝은 일종의 냉간가공법이며 숏피닝에 사용하는 주철 강구의 지름은 0.5~1.0mm이다.
③ 압축공기식은 압축공기를 노즐에서 숏과 함께 고속으로 분사시키는 방법으로 원심식보다 생산능률이 높다.
④ 숏피닝은 표면에 강구를 고속으로 분사하여 표면에 압축잔류응력을 발생시키기 때문에 피로한도와 피로수명을 증가시킨다.

45 비중에 대한 정의로 옳은 것은? [2019 한국가스공사 등 다수 공기업 기출 변형]

① 물질의 고유 특성이며 기준이 되는 물질의 밀도에 대한 상대적인 비를 말하기 때문에 무차원수이다. 액체의 경우 0기압하에서 4°C 물을 기준으로 한다.
② 물질의 고유 특성이며 기준이 되는 물질의 밀도에 대한 상대적인 비를 말하기 때문에 무차원수이다. 액체의 경우 1기압하에서 4°C 물을 기준으로 한다.
③ 물질의 고유 특성이며 기준이 되는 물질의 밀도에 대한 상대적인 비를 말하기 때문에 무차원수이다. 액체의 경우 0기압하에서 7°C 물을 기준으로 한다.
④ 물질의 고유 특성이며 기준이 되는 물질의 밀도에 대한 상대적인 비를 말하기 때문에 무차원수이다. 액체의 경우 1기압하에서 7°C 물을 기준으로 한다.

46 아래보기 용접에 대한 수평보기 용접의 효율은 몇 %인가? [2019 경기도시공사 기출]

① 90% ② 80% ③ 70% ④ 95%

47 감쇠강제진동을 의미하는 것은 무엇인가? [단, $F(t)$: 시간종속하중, F_n: 초기하중]

[필수 중요 문제 및 다수 공기업 기출]

① $m\ddot{x}+c\dot{x}+kx=F(t)$
② $m\ddot{x}+kx=F(t)$
③ $m\ddot{x}+c\dot{x}+kx=F_n$
④ $m\ddot{x}+kx=F_n$

48 취성의 종류는 상온 취성, 적열 취성, 고온 취성, 저온 취성, 청열 취성 등이 있다. 이와 관련된 설명으로 옳지 못한 것은?

(필수 중요 문제 및 다수 공기업 기출)

① 청열 취성은 200~300℃ 부근에서 인장강도나 경도가 상온에서의 값보다 높아지지만 여리게 되는 현상이다. 그리고 청열 취성의 주된 원인은 질소(N)이며 청열 취성이 발생하는 온도에서 소성가공은 피해야 한다.
② 적열 취성의 황(S)이 원인이 되어 950℃ 이상에서 인성이 저하하는 현상으로 망간(Mn)을 첨가하여 방지할 수 있다.
③ 저온 취성은 재료가 상온보다 온도가 낮아질 때 발생하는 것으로 인장강도는 증가하지만, 경도, 연신율, 충격값은 감소한다.
④ 상온 취성은 인(P)이 원인이 되는 취성으로 인(P)을 많이 함유한 재료에서 나타나며 강을 고온에서 압연이나 단조할 때는 거의 나타나지 않지만 상온에서는 자주 나타나기 때문에 상온 취성이라고 부른다. 그리고 상온 취성은 강의 강도, 경도, 탄성한계 등을 높이지만 연성, 인성을 저하시키고 취성이 커지게 된다.

49 구성인선(빌트업 에지)과 관련된 설명으로 옳은 것은 모두 몇 개인가? [필수 중요 문제 및 다수 공기업 기출]

- 구성인선이 발생하지 않을 임계속도는 120m/min이다.
- 구성인선은 마멸 → 파괴 → 탈락 → 생성의 과정을 거친다.
- 구성인선이 발생하면, 날 끝에 칩이 달라붙어 날 끝이 울퉁불퉁하게 된다. 따라서 표면을 거칠게 하거나 동력손실을 유발할 수 있다.
- 구성인선은 공구면을 덮어 공구를 보호하는 역할을 할 수 있다.

① 1개 ② 2개 ③ 3개 ④ 4개

50 응력 집중을 완화시키는 방법으로 옳지 못한 것은? [필수 중요 문제 및 다수 공기업 기출]

① 축단부 가까이에 5~6단의 단부를 설치해 응력의 흐름을 완만하게 한다.
② 테이퍼지게 설계하며, 체결부위에 체결 수(리벳, 볼트)를 증가시킨다.
③ 단면 변화 부분에 보강재를 결합하여 응력집중을 경감한다.
④ 단면 변화 부분에 숏피닝, 롤러압연처리 및 열처리를 시행하여 그 부분을 강화시키거나 표면가공 정도를 좋게 하여 향상시킨다.

1회 실전 모의고사 정답 및 해설

01	모두 정답	02	④	03	④	04	③	05	①	06	②	07	②	08	②	09	②④	10	④
11	④	12	④	13	③	14	①	15	④	16	③	17	④	18	③	19	②	20	④
21	④	22	정답 없음	23	②	24	①	25	③	26	④	27	④	28	②	29	③	30	①
31	①	32	정답 없음	33	③	34	③	35	④	36	④	37	③	38	④	39	④	40	④
41	모두 정답	42	②	43	③	44	③	45	②	46	①	47	①	48	③	49	③	50	①

01

정답 모두 정답

[유압장치의 특징]
- 입력에 대한 출력의 응답이 빠르다.
- 소형장치로 큰 출력을 얻을 수 있다.
- 자동제어 및 원격제어가 가능하다.
- 제어가 쉽고 조작이 간단하며 유량 조절을 통해 무단변속이 가능하다.
- 에너지의 축적이 가능하며, 먼지나 이물질에 의한 고장의 우려가 있다.
- 과부하에 대해 안전장치로 만드는 것이 용이하다.
- 비압축성이어야 정확한 동력을 전달할 수 있다.
- 오염물질에 민감하며 배관이 까다롭다.
- 에너지의 손실이 크다.

[유압장치의 구성]
- 유압발생부(유압을 발생시키는 곳): 오일탱크, 유압펌프, 구동용전동기, 압력계, 여과기
- 유압제어부(유압을 제어하는 곳): 압력제어밸브, 유량제어밸브, 방향제어밸브
- 유압구동부(유압을 기계적인 일로 바꾸는 곳): 액추에이터(유압실린더, 유압모터)

[유압기기의 4대 요소]
- 유압탱크
- 유압펌프: 기계에너지를 유압에너지로 변환시켜주는 기기이다.
- 유압밸브
- 유압작동기(액추에이터): 유압에너지를 기계에너지로 변환시켜주는 기기(유압실린더, 유압모터)이다.

[부속기기]
축압기(어큐뮬레이터), 스트레이너, 오일탱크, 온도계, 압력계, 배관, 냉각기 등

02

정답 ④

리드: 나사를 1회전시켰을 때 축 방향으로 나아가는 거리

$L = np = 2 \times 3 = 6\text{mm}$이고, 90° 회전시켰으므로 $6\text{mm} \times \dfrac{90°}{360°} = 1.5\text{mm}$

[여기서, n: 나사의 줄 수 p: 피치]

03

정답 ④

① 모어원을 통해 최대전단응력, 최대주응력, 최소주응력, 주응력의 방향을 알 수 있다.

② 주응력은 면에 작용하는 최대수직응력과 최소수직응력을 말한다.

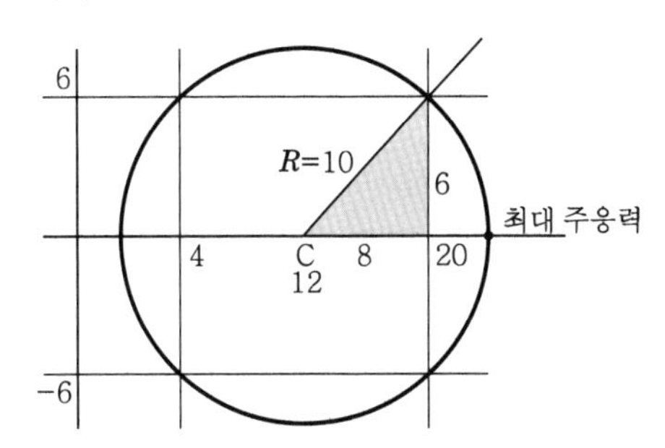

③ 음영 부분의 삼각형에서 피타고라스 정리를 통해 모어원의 반지름이 10인 것을 도출했다.
→ C=(20+4)/2이므로, 원의 중심은 원점으로부터 12가 떨어져 있다.
즉, σ_1은 C+R이므로 12+10=22로 도출된다.

④ 최대전단응력의 크기는 최대수직응력과 최소수직응력의 차이를 반으로 나눈 값이다.

04

정답 ③

- 완전 복사체(흑체)로부터 에너지 방사 속도: $\dfrac{q}{A} = \sigma T^4$

[여기서, $\dfrac{q}{A}$: 단위면적당 전열량, σ: 스테판–볼츠만 상수, T: 절대온도]

- 완전 복사체(흑체)에 의한 방출에너지: $W = \sigma T^4$

참고

흑체: 자신에게 쪼여지는 모든 복사선을 흡수하는 물체 또는 일정 온도에서 열적 평형을 이루고 복사만으로 열을 방출하는 물체

- 흑체는 온도가 높을수록 에너지의 최댓값이 더 짧은 파장으로 이동한다.
- 흑체는 가장 최고의 에너지를 방사한다.
- 온도가 절대온도 0K 이상인 물체는 복사에너지를 방출한다.

05

정답 ①

[펌프의 비교회전도(η_s)]

한 회전차의 형상과 운전 상태를 상사하게 유지하면서 그 크기를 바꾸어 단위 송출량에서 단위 양정을 내게 할 때 그 회전차에 주어져야 할 회전수의 기준이 되는 회전차의 비속도 또는 비교회전도라고 한다.

회전차의 형상을 나타내는 척도로 펌프의 성능이나 적합한 회전수를 결정하는 데 사용한다.

$n_s = \dfrac{n\sqrt{Q}}{H^{\frac{3}{4}}}$ [여기서, n: 펌프의 회전수, Q: 펌프의 유량, H: 펌프의 양정]

위 식에서 H, Q는 일반적으로 특성 곡선상에서 최고 효율점에 대한 값을 대입한다. 또한, 양흡입일 경우는 Q 대신 $Q/2$를 대입해서 사용한다.

06

정답 ②

① 평형상태에서 시스템의 주요 변수는 시간이 아닌 온도이다.

② 내부에너지는 분자의 운동 활동성을 뜻하며, 내부에너지는 물체가 가지고 있는 총에너지로부터 역학에너지와 전기에너지를 뺀 나머지 에너지를 말한다.

③ 이상기체의 내부에너지와 엔탈피는 줄의 법칙에 의거하여 온도만의 함수이다.

④ 엔탈피는 열의 함량을 나타내며, 엔트로피는 무질서도를 나타낸다.

07

정답 ②

[제어량에 의한 구분]

- 프로세스 제어(공정 제어): 제어량의 온도, 압력, 습도, 농도, 유량, 액면, 밀도 등의 플랜트나 생산 공정 중의 상태량을 제어한다.
- 서보 제어: 물체의 위치, 방위, 자세 등의 기계적 변위를 제어량으로 해서 목표값의 임의의 변화에 추종한다(비행기, 선박의 방향 제어, 추적용 레이더, 미사일 발사대의 자동위치 제어 등).
- 자동조정 제어(정치 제어): 전압, 주파수, 전류, 회전속도, 힘 등 전기적·기계적 양을 주로 제어하며 응답속도가 빨라야 한다(수차, 증기 터빈 등의 속도 제어, 압연기 등).

[제어 목표에 의한 구분]

- 정치 제어: 시간에 관계없이 일정한 목표값을 제어(주파수, 전압, 속도 등)
- 추치 제어: 목표치가 시간에 따라 변하는 제어이다.
  - 추종 제어: 목표치가 시간적으로 임의로 변하는 경우의 제어이다(레이더, 미사일, 인공위성).
  - 프로그램 제어: 미리 정해 놓은 프로그램에 따라 제어량을 변화시킨다(무인 엘리베이터, 무인 열차 운전).
  - 비율 제어: 목표값이 다른 것과 일정한 비율 관계를 가지고 변화하는 경우를 제어한다(발전소 보일러의 자동 연소 제어).

08

정답 ②

[제어량에 의한 구분]

- 프로세스 제어(공정 제어): 제어량의 온도, 압력, 습도, 농도, 유량, 액면, 밀도 등의 플랜트나 생산 공정 중의 상태량을 제어한다.
- 서보 제어: 물체의 위치, 방위, 자세 등의 기계적 변위를 제어량으로 해서 목표값의 임의의 변화에 추종한다(비행기, 선박의 방향 제어, 추적용 레이더, 미사일 발사대의 자동위치 제어 등).
- 자동조정 제어(정치 제어): 전압, 주파수, 전류, 회전속도, 힘 등 전기적·기계적 양을 주로 제어하며 응답속도가 빨라야 한다(수차, 증기 터빈 등의 속도 제어, 압연기 등).

09

정답 ②, ④

[액백(리퀴드 백) 현상]

냉동사이클의 증발기에서는 냉매액이 피냉각물체로부터 열을 빼앗아 자신은 모두 증발되고 피냉각물체를 냉각시킨다. 하지만, 실제에서는 모든 냉매액이 100%로 증발되지 않고, 약간의 액이 남아 압축기로 들어가게 된다. 액체는 표면장력 등의 이유로 원래 형상을 유지하려고 하기 때문에 압축이 잘 되지 않아 압축기의 피스톤이 압축하려고 할 때 피스톤을 튕겨내게 한다. 따라서 압축기의 벽이 손상되거나 냉동기의 냉동효과가 저하되는데 이 현상을 바로 액백 현상이라고 한다.

- 원인: 팽창밸브의 개도가 너무 클 때, 냉매가 과충전될 때, 액분리기 불량일 때
- 방지법: 냉매액을 과충전하지 않는다. 액분리기를 설치한다. 증발기의 냉동부하를 급격하게 변화시키지 않는다. 압축기에 가까이 있는 흡입관의 액고임을 제거한다. 액백 현상을 방지하기 위해 액분리기는 증발기와 압축기 사이에 설치해야 한다.

10

정답 ④

[보온재의 구비조건]

- 사용온도에 견딜 수 있고 기계적 강도가 클 것
- 열전도율이 작을 것, 흡수성이 작을 것, 비중이 작을 것
- 다공성일 것, 장시간 사용해도 무리가 없을 것
- 내식성, 내구성, 내열성이 클 것

11

정답 ④

① 가는 파선: 숨은선

② 가는 1점 쇄선: 중심선, 기준선, 피치선

③ 가는 실선: 치수선, 치수보조선, 골지름을 나타낼 때 사용

④ 굵은 실선: 외형선

12

정답 ④

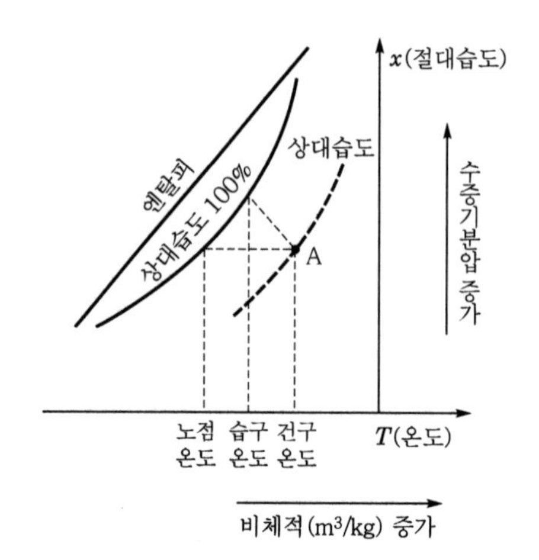

[습공기선도(공기선도)]

- 절대습도(x)와 건구온도(t)와의 관계 선도
- 건구온도, 습구온도, 노점온도, 절대습도, 상대습도, 수증기분압, 비체적, 엔탈피, 현열비, 열수분비를 알 수 있다.
- 공기를 냉각하거나 가열하여도 절대습도는 변하지 않는다.
- 공기를 냉각하면 상대습도는 높아지고 공기를 가열하면 상대습도는 낮아진다.
  → 습도를 해석하는 방법: A점 상태의 공기를 냉각하면 x축의 건구온도가 낮아지기 때문에 좌측으로 A점이 이동하게 될 것이다. 그렇게 되면 상대습도 100%선과 가까워지기 때문에 상대습도는 높아진다고 볼 수 있다.
- 습구온도와 건구온도가 같다는 것은 상대습도가 100%인 포화공기임을 뜻한다.
- 습구온도가 건구온도보다 높을 수는 없다.
  → A점에서 Air Washer를 이용하여 공기를 가습하게 되면 Y축의 절대습도가 증가하여 A점은 상방향으로 이동한다.

상태	건구온도	상대습도	절대습도	엔탈피
가열	↑	↓	일정	↑
냉각	↓	↑	일정	↓
가습	일정	↑	↑	↑
감습	일정	↓	↓	↓

참고

공기 가습법: Air Washer 이용법, 수분무 가습기법, 증기가습기법

13

정답 ③

- 냉간단조: 코이닝, 콜드헤딩, 스웨이징 블록
- 열간단조: 프레스, 업셋, 헤머, 압연단조

14

정답 ①

- 절삭속도: 공구와 공작물 사이의 상대속도이며 단위는 m/min이다.
- 이송속도: 공작물이 1회전할 때마다 공구가 이동한 거리이며 단위는 mm/rev이다.
- 절삭깊이: 공작물을 1회에 깎아내는 깊이이다.

15

정답 ④

- 101,325Pa=1.01325bar → 2.0265bar=202,650Pa
- 14.696psi=101,325Pa
- 540mmHg → 101,325Pa : 760mmHg = x : 540mmHg → 71,994Pa
- 0.0712MPa=71,200Pa

[1atm, 1기압]

101,325Pa	10.332mH_2O	1013.25hPa	1013.25mb
1,013,250dyne/cm^2	1.01325bar	14.696psi	1.033227kgf/cm^2
760mmHg	29.92126inchHg	406.782inchH_2O	-

16

정답 ③

$C_v = 6\text{kJ/kg}\cdot\text{K}$, $R = 3\text{kJ/kg}\cdot\text{K}$이므로 아래와 같이 식을 도출할 수 있다.

$C_p - C_v = R \ \rightarrow \ C_p = R + C_v = 3 + 6 = 9\text{kJ/kg}\cdot\text{K}$

[여기서, C_p: 정압비열, C_v: 정적비열, R: 기체상수(기체상수는 열역학적 상태량이 아니다)]

[비열비]

- 비열비는 정압비열과 정적비열의 비를 말한다. 즉, $k = \frac{C_p}{C_v}$이며 C_p는 C_v보다 항상 크므로 비열비는 항상 1보다 크다.
- 비열비는 분자를 구성하는 원자수에 관계되며 가스 종류에 상관없이 원자수가 같다면 비열비는 같다.
  - 1원자분자: k=1.66 [Ar, He]
  - 2원자분자: k=1.4 [O_2, CO, N_2, H_2, air]
  - 3원자분자: k=1.33 [CO_2, H_2O, SO_2]

17

정답 ④

대기압: 14.696psi = 101,325Pa

게이지 압력: 1,520mmHg = 202,650Pa

절대압력은 "대기압+계기압"이므로 절대압력 = 101,325Pa+202,650Pa=303,975Pa

즉, 303,975Pa은 89.76inchHg이다.

참고

- **표준대기압**: 지구 전체의 국소대기압을 평균한 값을 표준대기압이라고 한다.
- **국소대기압**: 대기압은 지구의 위도에 따라 변하는데 이러한 값을 국소대기압이라고 한다.
- **계기압력(게이지압)**: 측정 위치에서 국소대기압을 기준으로 측정한 압력이다.
- **절대압력**: 완전진공을 기준으로 측정한 압력이다.

■ **표준대기압**: 중력가속도하의 0도에서 수은주의 높이가 760mm인 압력으로 101,325Pa

■ **절대압력**: 대기압+계기압 = 대기압 − 진공압

■ **진공도** $= \frac{\text{진공압}}{\text{대기압}} \times 100\%$

18

정답 ③

복합발전은 1차(가스터빈, 브레이턴사이클) + 2차(증기터빈, 랭킨사이클)로 구성되어 있다. 구체적으로 가스터빈의 3대 요소는 압축기, 연소기, 가스터빈으로 압축기에서 LNG연료를 압축시켜 고온, 고압 상태로 만들고 연소기에서 LNG연료를 연소시킨다. 그리고 연소된 LNG가스는 가스터빈으로 들어가 가스터빈을 가동시키고 1차 팽창일을 얻게 된다. 여기서 1차 팽창일을 만들고 가스터빈을 나온 LNG가스의 온도는 대략 500°C 이상이다. 이 열을 버리기 아까워 다시 배열회수보일러로 회수시킨 후, 이 열을 사용하여 **배열회수보일러**에서 고온고압의 증기를 만든다. 그리고 이 고온고압의 증기를 사용하여 2차 터빈(증기터빈)을 가동시켜 2차 팽창일을 얻는다.

- **배열회수보일러(Heat Recovery Steam Generator, HRSG)**: 화력발전소에서 가스터빈을 돌릴 때 배출되는 열에너지를 회수하여 다시 고온·고압의 증기로 만들어 증기터빈을 가동할 수 있도록 하는 복합화력의 핵심설비이다.
- 복합발전은 1차(가스터빈, 브레이턴 사이클) + 2차(증기터빈, 랭킨사이클)로 구성되어 있으며 가스터빈의 3대 구성 요소는 압축기, 연소기, 가스터빈이다.

[탈황설비]
석탄 화력발전소에서 연도로 빠져나가는 배기가스 중의 황산화물을 제거하는 설비이다. 석회석 슬러리를 황산화물에 반응시켜 황산화물을 제거하며 부산물로 석고가 생성된다.

19

정답 ②

$Q = AV \rightarrow 0.16\text{m}^3/\text{s} = \frac{1}{4}\pi(0.04)^2 V$

$\therefore V = 133.33\text{m/s}$

[연속방정식]

- **쉽지만 자주 나오는 문제로 단위를 항상 조심해야 한다. 반지름인지 지름인지 구별하자!**
- **흐르는 유체에 질량보존의 법칙을 적용한 것**

① 질량유량 : $\dot{M} = \rho A V$

② 체적유량 : $Q = AV$

20

정답 ④

각운동량$(L) = m\,Vr = I\omega$

(원판의 경우 $I = \frac{1}{2}mr^2$, 구의 경우 $I = \frac{2}{5}mr^2$)

- 질량이 M이고 반지름이 R인 구의 각 운동량: $L = I\omega = \left(\frac{2}{5}MR^2\right)\omega$
- 질량이 M이고 지름이 $4R$(반지름이 $2R$)인 구의 각 운동량: $L = I\omega = \frac{2}{5}M(2R^2)\omega_x$

우리가 구하고 싶은 것은 w_x이다. 동일한 각 운동량을 가지고 있다고 문제에 언급되었으므로 아래와 같이 식을 도출할 수 있다(항상 반지름, 지름을 조심해야 한다).

$\left(\frac{2}{5}MR^2\right)\omega = \frac{2}{5}M(2R)^2\omega_x \quad \rightarrow \quad \therefore\ \omega_x = \frac{1}{4}\omega$

■ **각운동량 보존법칙**: 피겨스케이팅 선수가 팔을 안쪽으로 굽히면 회전속도가 빨라지는 현상과 관계가 있는 법칙

21

정답 ④

① DNC(Distributed Numerical Control, 직접수치제어): 중앙의 1대 컴퓨터에서 여러 대의 CNC 공작기계로 데이터를 분배하여 전송함으로써 동시에 여러 대의 기계를 운전할 수 있는 시스템이다.

② FMS(Flexible Manufacturing System): 하나의 생산 공정에서 다양한 제품을 동시에 제조할 수 있는 자동화 생산시스템으로 현재 자동차공장에서 하나의 컨베이어벨트 위에서 다양한 차종을 동시에 생산하는 시스템에 적용되고 있다. 또한, 동일한 기계에서 여러 가지 부품을 생산할 수 있고, 생산일정의 변경이 가능하다. 하드웨어 기본요소는 작업스테이션, 자동물류시스템과 컴퓨터 제어시스템으로 구성된다.

③ CAM(Computer Aided Manufacturing, 컴퓨터응용생산): 컴퓨터를 이용한 생산시스템으로 CAD에서 얻은 설계데이터로부터 종합적인 생산 순서와 규모를 계획해서 CNC공작기계의 가공 프로그램을 자동으로 수행하는 시스템의 총칭이다.

④ CIMS(Computer Integrated Manufacturing System, 컴퓨터 통합 생산시스템) : 컴퓨터에 의한 통합적 생산시스템으로 컴퓨터를 이용해서 기술개발·설계·생산·판매 및 경영까지 전체를 하나의 통합된 생산 체제로 구축하는 시스템이다.

22

정답 정답 없음

[공기조화설비의 주요 구성 장치]
열 운반 장치, 열원 장치, 공기처리 장치, 자동제어설비

23

정답 ②

[세라믹의 특징]

- 도기라는 뜻으로 점토를 소결한 것이며 알루미나 주성분에 Cu, Ni, Mn을 첨가한 것이다.
- 세라믹은 1,200°C까지 경도의 변화가 없다.
- 냉각제를 사용하면 쉽게 파손되므로 냉각제는 사용하지 않는다.
- 세라믹은 이온결합과 공유결합 상태로 이루어져 있다.
- 세라믹은 **금속과 친화력이** 적어 구성인선이 발생하지 않는다.
- 고온경도가 우수하며 열전도율이 낮아 내열제로 사용된다.
- 세라믹은 충격에 약하며, 금속산화물, 탄화물, 질화물 등 순수화합물로 구성되어 있다.
- 원료가 풍부하기 때문에 대량 생산이 가능하다.

참고

불순물에 가장 크게 영향을 받는 세라믹의 기계적 성질은 횡파단강도이다.

24

정답 ①

다음 표 중 M00, M03, M04, M05, M06, M08, M09는 매우 중요하다. 그 외에도 여유가 되면 다 암기하자.

M코드	기능
M00	프로그램 정지
M01	선택적 프로그램 정지
M02	프로그램 종료
M03	주축 정회전(주축이 시계방향으로 회전)
M04	주축 역회전(주축이 반시계방향으로 회전)
M05	주축 정지
M06	공구 교환
M08	절삭유 ON
M09	절삭유 OFF
M14	심압대 스핀들 전진
M15	심압대 스핀들 후진
M16	Air Blow2 ON, 공구측정 Air
M18	Air Blow1, 2 OFF
M30	프로그램 종료 후 리셋
M98	보조프로그램 호출
M99	보조프로그램 종료 후 주프로그램 회기

[필수]

코드	종류	기능
G코드	준비기능	주요 제어장치들의 사용을 위해 공구를 준비시키는 기능
M코드	보조기능	부수장치들의 동작을 실행하기 위한 것으로 주로 ON/OFF 기능
F코드	이송기능	절삭을 위한 공구의 이송속도 지령
S코드	주축기능	주축의 회전수 및 절삭속도 지령
T코드	공구기능	공구 준비 및 공구 교체, 보정 및 오프셋량 지령

25

정답 ③

- **차압식 유량계**: 유체가 흐를 때 생기는 차압을 사용하여 유체의 유량을 측정하는 방식이다(벤츄리미터, 오리피스, 유동노즐).
- **면적식 유량계**: 압력 강하를 거의 일정하게 유지하면서 유체가 흐르는 유로의 단면적이 유량에 따라 변하도록 하며 float의 위치로 유량을 직접 측정한다(로타미터).

[유속측정]

피토관, 피토정압관, 레이저도플러유속계, 시차액주계 등

- **피토튜브**: 국부유속을 측정할 수 있다.
- **마이크로마노미터**: 두 원관 속을 기체가 미소한 압력차로 흐르고 있을 때, 이 압력차를 측정한다.
- **레이저도플러유속계**: 유동하는 흐름에 작은 알갱이를 띄워 유속을 측정한다.

[유량측정]

벤츄리미터, 유동노즐, 오리피스, 로타미터, 위어 등

- **벤츄리미터**: 압력강하를 이용하여 유량을 측정하는 기구로 가장 정확한 유량을 측정
  - 상류 원뿔: 유속이 증가하면서 압력 감소, 이 압력 강하를 이용하여 유량을 측정
  - 하류 원뿔: 유속이 감소하면서 원래 압력의 90%를 회복
- **오리피스**: 오리피스는 **벤츄리미터와 원리가 비슷**하다. 다만, 예리하기 때문에 하류 유체 중에 free-flowing jet을 형성하게 된다.
- **로타미터**: 유량을 측정하는 기구로 부자 또는 부표라고 하는 부품에 의해 유량을 측정한다.
- **위어**
  - 삼각위어: 개수로의 소유량 측정에 사용되며 비교적 정확한 유량을 측정할 수 있다.
  - 사각위어: 개수로의 중유량 측정에 사용된다.
  - 예연(예봉위어) 및 광봉위어: 개수로의 대유량 측정에 사용된다.

참고

압력강하를 이용하는 것은 벤츄리미터, 노즐, 오리피스이다.

26

정답 ④

$$W_m \fallingdotseq \frac{S_m}{S_P} W_P = \frac{7.2}{0.6} \times 3.5 = 42\text{kg}$$

[주물 금속의 중량 계산]

$$W_m = \frac{W_P}{S_P}(1-3\phi)S_m \fallingdotseq \frac{S_m}{S_P} W_P$$

[여기서, W_m, S_m: 주물(Moulding)의 중량 및 비중, W_P, S_P: 목형(Pattern)의 중량 및 비중, 3ϕ: 주물의 체적에 대한 수축률은 길이 방향의 3배이다.]

27

정답 ④

$$HV = \frac{1.854P}{L^2} = \frac{1.854 \times 100}{3} = \frac{185.4}{9} = 20.6\text{kgf/mm}^2$$

[여기서, L: 대각선 길이, P: 하중]

[경도시험법의 종류]

종류	시험 원리	압입자	경도값
브리넬 경도(HB)	압입자인 강구에 일정량의 하중을 걸어 시험편의 표면에 압입한 후, 압입자국의 표면적 크기와 하중의 비로 경도를 측정한다.	강구	$HB = \frac{P}{\pi dt}$ πdt: 압입면적 P: 하중
비커스 경도(HV)	압입자에 1~120kgf의 하중을 걸어 자국의 대각선 길이로 경도를 측정하고, 하중을 가하는 시간은 캠의 회전속도로 조절한다.	136°인 다이아몬드 피라미드 압입자	$HV = \frac{1.854P}{L^2}$ L: 대각선 길이 P: 하중
로크웰 경도(HRB, HRC)	압입자에 하중을 걸어 압입 자국(홈)의 깊이를 측정하여 경도를 측정한다. - 예비하중: 10kgf - 시험하중: B스케일: 100kg C스케일: 150kg	- B스케일: $\phi 1.588\text{mm}$ 강구(1/16 인치) - C스케일: 120° 다이아몬드(콘)	HRB: $130-500h$ HRC: $100-500h$ h: 압입깊이
쇼어 경도(HS)	추를 일정한 높이에서 낙하시켜, 이 추의 반발높이를 측정해서 경도를 측정한다.	다이아몬드 추	$H_s = \frac{10,000}{65}\left(\frac{h}{h_0}\right)$ h: 반발높이 h_0: 초기 낙하체의 높이
누프 경도(HK)	정면 꼭지각이 172°, 측면 꼭지각이 130°인 다이아몬드 피라미드를 사용하고 대각선 중 긴 쪽을 측정하여 계산한다. 즉, 한쪽 대각선이 긴 피라미드 형상의 다이아몬드 압입자를 사용해서 경도를 측정한다.	정면 꼭지각 172° 측면 꼭지각 130°인 다이아몬드 피라미드	$HK = \frac{14.2P}{L^2}$ L: 긴 쪽의 대각선 길이 P: 하중

28

정답 ②

- 크리핑 현상: 벨트의 탄성에 의한 미끄럼으로 인해 벨트가 풀리의 림면을 기어가는 현상이다.
- 플래핑 현상: 원동 풀리와 종동 풀리 사이의 축간거리가 멀고 고속으로 벨트가 운전될 때 벨트가 마치 파도를 치는 듯한 현상이다.

✓ 위의 2가지 현상 때문에 종동 풀리는 2~3%의 슬립이 발생하고 원동 풀리에 비해 느린 운동을 하게 된다.

29

정답 ③

[냉동장치의 4대 요소]

- **압축기**: 증발기에서 흡수된 저온·저압의 냉매가스를 압축하여 압력을 상승시켜 분자 간 거리를 가깝게 함으로써 온도를 상승시킨다. 따라서 상온에서도 응축액화가 가능해진다.
- **응축기**: 압축기에서 토출된 냉매가스를 상온에서 물이나 공기를 사용하여 열을 방출시켜 응축시킨다.
- **팽창밸브**: 고온, 고압의 액냉매를 교축시켜 저온·저압의 상태로 만들어 증발기의 부하에 따라 냉매공급량을 적절하게 유지해준다.
- **증발기**: 저온·저압의 냉매가 피냉각물체로부터 열을 빼앗아 저온·저압의 가스로 증발된다. 즉, 냉매는 열교환을 통해 열을 흡수하여 자신은 증발하고, 피냉각물체는 열을 뺏겨 냉각된다. 따라서 실질적으로 냉동의 목적이 이루어지는 곳은 증발기이다.

참고

[증기압축식 냉동장치]

- 압축기를 사용하여 냉매를 기계적으로 압축하는 방식이다.
- 냉매순환경로는 증발기 → 압축기 → 응축기 → 수액기 → 팽창밸브이다.

[흡수식 냉동장치]

- 압축기를 사용하지 않고 냉매의 증발에 의해 냉동한다. 즉, 열적으로 압축하는 방식이다.
- 냉매순환경로는 증발기 → 흡수기 → 열교환기 → 발생기(재생기) → 응축기이다.
- 증기압축식 냉동장치의 압축기 대신에 흡수기와 재생기를 사용한다.
- 발생기(재생기)는 고온의 열을 필요로 한다. 그 이유는 흡수식 냉동기는 압축기를 사용하지 않으므로 소음과 진동이 적고, 재생기(발생기)에서 냉매와 흡수제를 유리(분리)시켜야 하므로 열이 필요하다. 따라서 열을 공급하기 위해 중유, 증기, 온수 등의 폐열을 이용한다. 또한, 압축기 대신에 흡수기와 발생기 등을 사용하므로 설치면적과 중량이 늘어나게 된다.

30

정답 ①

$$\tau = \frac{P}{A} = \frac{P}{\pi dt} = \frac{30,000}{3 \times 100 \times 20} = 5\text{kgf/mm}^2$$

[여기서, A: 강판이 전단되는 면적]

31

정답 ①

[윤활제의 종류]
- 고체윤활제: 활성, 운모, 흑연 등
- 반고체윤활제: 그리스 등
- 액체윤활제
  - 동물성유: 유동성과 점도가 우수한 윤활제
  - 식물성유: 고온 상태에서 변질이 적고 내부식성이 우수한 윤활제
- 특수윤활제
  - 극압유: 인, 황, 염소, 납 등의 극압제를 첨가한 윤활제로 압력이 강해지는 개소에 사용한다.
  - 실리콘유: 규소수지 중에 기름 형태인 것으로 내열성, 내한성이 우수하고 화학적으로 안정하지만 가격이 비싸다는 단점이 있다.
  - 부동성 기계유: 응고점이 −50~−35°C이므로 낮은 온도에서 사용한다.

32

정답 정답 없음

[주철의 특징]
- **탄소함유량이 2.11~6.68%이므로 용융점이 낮다.** 따라서 **녹이기 쉬워** 틀에 넣고 복잡한 형상을 주조할 수 있다.
- 탄소함유량이 많아 강·경도가 큰 대신 **취성**이 발생한다. 즉, **인성이 작고 충격값이 작다.** 따라서 단조가공 시 해머로 타격하게 되면 취성에 의해 **깨질 위험**이 있다.
- **압축강도가 우수하여 공작기계의 베드, 브레이크 드럼** 등에 사용된다.
- 취성이 있기 때문에 **가공이 어렵지만, 주철 내의 흑연이 절삭유의 역할을 하므로 절삭성은 우수하다.**
- **마찰저항이 우수하며 마찰차의 재료로** 사용된다.
- 주철은 취성으로 인해 리벳팅할 때 깨질 위험이 있으므로 리벳의 재료로 사용될 수 없다.
- **주철은 담금질, 뜨임, 단조가 불가능하다.** 단조를 가능하게 하려면 가단[단조를 가능하게]주철을 만들어서 사용하면 된다.
- 주철은 탄소량이 매우 높기 때문에 용접하기 매우 곤란하다. 즉, 용접할 수는 있지만 주철은 용접하지 않는 것이 기본 원칙이다.

참고

[주철의 성장]
A1 변태점 이상에서 가열과 냉각을 반복하면 주철의 부피가 커지면서 팽창하여 균열을 발생시키는 현상
- 주철의 성장 원인
  - 불균일한 가열에 의해 생기는 파열 팽창
  - 흡수된 가스에 의한 팽창에 따른 부피 증가
  - 고용 원소인 Si의 산화에 의한 팽창[페라이트 조직 중 Si 산화]
  - 펄라이트 조직 중의 Fe_3C 분해에 따른 흑연화에 의한 팽창

• 주철의 성장 방지법
 − C, Si량을 적게 한다, Si 대신에 내산화성이 큰 Ni로 치환한다[Si는 산화하기 쉽다].
 − 편상흑연을 구상흑연화시킨다.
 − 흑연의 미세화로 조직을 치밀하게 한다.
 − 탄화안정화원소(Cr, V, Mo, Mn)를 첨가하여 펄라이트 중의 Fe_3C 분해를 막는다.
※ 탄화안정화원소: Cr, V, Mo, Mn [크바몰방]

[주철에 나타나는 흑연 기본 형상]
편상, 성상, 유충상, 응집상, 괴상, 구상, 공정상, 장미상 등

[탄소함량에 따른 주철의 분류]
• 아공정주철: 2.11~4.3% 탄소 함유
• 공정주철: 4.3% 탄소 함유
• 과공정주철: 4.3% 이상의 탄소 함유

33

정답 ③

캠: 종동절의 요구되는 운동을 직접 접촉에 의해 전달하는 기계요소이며, 회전운동을 직선왕복운동으로 바꿔주는 기구이다. 용도로는 내연기관 밸브의 개폐, 인쇄기계, 공작기계, 방직기계, 재봉틀 등에 사용된다.

[캠의 압력각을 줄이는 방법]
• 기초원의 직경을 증가시킨다.
• 종동절의 전체 상승량을 줄이고 변위량을 변화시킨다.
• 종동절의 변위에 대해 캠의 회전량을 증가시킨다.
• 종동절의 운동 형태를 변화시킨다.
 → 캠의 압력각을 줄이는 방법은 공항, 에너지, 지방공기업 등에서 간혹 출제가 된다. 실제로 작년에도 출제되었다.

34

정답 ③

속도비: $i=\dfrac{N_2}{N_1}=\dfrac{D_1}{D_2}=\dfrac{Z_1}{Z_2}$, 축간거리($C$): $\dfrac{D_1+D_2}{2}$

$$\frac{N_2}{N_1}=\frac{D_1}{D_2} \rightarrow \frac{150}{300}=\frac{D_1}{D_2} \rightarrow 300D_1=150D_2 \rightarrow \therefore D_2=2D_1 \ \cdots \ ①$$

$$C=\frac{D_1+D_2}{2} \rightarrow 900=\frac{D_1+D_2}{2} \rightarrow \therefore\ D_1+D_2=1{,}800 \ \cdots \ ②$$

식 ①과 식 ②를 연립하면 $3D_1=1{,}800$

$\therefore\ D_1=600\text{mm},\ D_2=1{,}200\text{mm}$

35

정답 ④

[수격현상(워터헤머링)]
배관 속의 유체 흐름을 급히 차단시켰을 때 유체의 운동에너지가 압력에너지로 전환되면서 배관 내에 탄성파가 왕복하게 된다. 이에 따라 배관이 파손될 수 있다.

- 원인
  - 펌프가 갑자기 정지할 때
  - 급히 밸브를 개폐할 때
  - 정상 운전 시 유체의 압력에 변동이 생길 때
- 방지
  - 관로의 직경을 크게 한다.
  - 관로 내의 유속을 낮게 한다(유속은 1.5~2m/s로 유지).
  - 관로에서 일부 고압수를 방출시킨다.
  - 조압수조를 관선에 설치하여 적정 압력을 유지한다(부압 발생 장소에 공기를 자동적으로 흡입시켜 이상 부압을 경감).
  - 펌프에 플라이휠을 설치하여 펌프의 속도가 급격하게 변화하는 것을 막는다(관성을 증가시켜 회전수와 관 내 유속의 변화를 느리게 한다).
  - 펌프 송출구 가까이 밸브를 설치한다(펌프 송출구에 수격을 방지하는 체크밸브를 달아 역류를 막는다).
  - 에어챔버를 설치하여 축적하고 있는 압력에너지를 방출시킨다.
  - 펌프의 속도가 급격히 변하는 것을 방지한다(회전체의 관성 모멘트를 크게 한다).

참고

[체크밸브]: 역류를 방지해주는 밸브로 역지밸브라고도 불린다.

- 수평배관용 체크밸브: 리프트식 체크밸브
- 수직배관용 체크밸브: 스윙식 체크밸브
- 수격현상을 방지하기 위해 사용하는 체크밸브: 스모렌스키 체크밸브

36

정답 ④

냉각쇠(chiller)는 주물 두께에 따른 **응고속도 차이**를 줄이기 위해 사용한다. 어떤 주물을 주형에 넣어 냉각시키는 데 있어 주물 두께가 다른 부분이 있다면, 두께가 얇은 쪽이 먼저 응고되면서 수축하게 될 것이다. 따라서 그 부분은 쇳물의 부족으로 인해 수축공이 발생하게 된다. 따라서 주물 두께가 두꺼운 부분에 냉각쇠를 설치하여 두꺼운 부분의 **응고속도를 증가**시킨다. 결국, 주물 두께 차이에 따른 응고속도를 줄일 수 있으므로 수축공을 방지할 수 있다.
또한, 냉각쇠는 종류로는 핀, 막대, 와이어가 있으며 주형보다 열흡수성이 좋은 재료를 사용한다. 그리고 고온부와 저온부가 동시에 응고되도록, 또는 두꺼운 부분과 얇은 부분이 동시에 응고되도록 하는 목적으로 설치하는 것이다.
그리고 마지막으로 **냉각쇠는 가스배출을 고려하여 주형의 상부보다는 하부에 부착해야** 한다. 만약, 상부에 부착한다면 가스는 주형 위로 배출되려고 하다가 상부에 부착된 냉각쇠에 의해 빠르게 냉각되면서 응축하여 가스액이 되고 그 가스액이 주물 내부로 떨어져 결함을 발생시킬 수 있다.

37

정답 ③

1냉동톤(냉동능력의 단위, kcal/hr): 0°C의 물 1ton을 24시간 이내에 0°C의 얼음으로 바꾸는 데 제거해야 할 열량 및 그 능력

→ A+B+C+D=0+1+1,440+0=1,441 (∵ 24시간 =1,440분)

참고

- 냉동능력: 단위시간에 증발기에서 흡수하는 열량
- 냉동효과: 증발기에서 냉매 1kg이 흡수하는 열량
- 1냉동톤(냉동능력의 단위, RT): 0°C의 물 1ton을 24시간 이내에 0°C의 얼음으로 바꾸는 데 제거해야 할 열량 및 그 능력. 3,320kcal/hr=3.86kW [1kW=860kcal/h, 1kcal=4,180J]
- 1USRT(미국냉동톤): 32°F의 물 1ton(2,000lb)을 24시간 동안에 32°F의 얼음으로 만드는 데 제거해야 할 열량 및 그 능력. 3,024kcal/hr
- 제빙톤: 25℃의 물 1톤을 24시간 동안에 −9°C의 얼음으로 만드는 데 제거해야 할 열량 또는 그 능력(열손실은 20%로 가산한다). 1.65RT

38

정답 ④

[헬리컬기어의 특징]

- 고속운전이 가능하며 축간거리 조절이 가능하고 소음 및 진동이 적다.
- 물림률이 좋아 스퍼기어보다 더 큰 동력 전달이 가능하다.
- 축 방향으로 추력이 발생하여 스러스트 베어링을 사용한다.
- 최소 잇수가 평기어보다 적으므로 큰 회전비를 얻을 수 있다.
- 기어의 잇줄 각도는 비틀림각에 상관없이 수평선에 30°로 긋는다.
- 더블헬리컬기어는 비틀림각의 방향이 서로 반대이고 크기가 같은 한 쌍의 헬리컬기어를 조합한 기어이다. 비틀림각의 방향을 서로 반대로 놓아 기존 헬리컬기어에서 발생하는 추력을 없앨 수 있다.
- 더블헬리컬기어는 헤링본기어라고도 부른다.

39

정답 ④

[잔류응력]

- 압축잔류응력은 피로한도, 피로수명을 향상시킨다.
- 외력을 가하고 제거해도 소재 내부에 남은 응력을 말한다.
- 상의 변화, 온도구배, 불균일 변형이 제일 큰 원인이다.
- 인장잔류응력은 응력부식균열을 발생시킬 수 있다.
- 잔류응력이 존재하는 표면을 드릴로 구멍을 뚫으면 그 구멍이 타원형상으로 변형될 수 있다.
- 풀림 처리를 통해 잔류응력을 경감시킨다.
- 실온에서 장시간 이완 작용을 증가시키면 잔류응력을 경감시킬 수 있다.
- 소성변형을 추가하여 잔류응력을 경감시킨다.

40

정답 ④

선삭(선반가공), 밀링, 드릴링, 평삭(플레이너, 셰이퍼, 슬로터), 방전은 모두 소재의 미소량을 깎아 원하는 형상으로 만드는 절삭가공이다. 실제 2019년 한국중부발전 시험에 출제된 내용으로 꼭 숙지해야 한다.

41

정답 모두 정답

브라인(brine): 냉동 시스템 외부를 순환하며 간접적으로 열을 운반하는 매개체이며 2차 냉매 또는 간접냉매라고도 한다. 구체적으로 상변화 없이 현열인 상태로 열을 운반하는 냉매이다. 그리고 브라인을 사용하는 냉동장치는 간접 팽창식, 브라인식이라고 한다.

[브라인의 구비조건(자주 출제되는 부분!!)]
- 부식성이 없어야 한다.
- 열용량이 커야 한다.
- 응고점이 낮아야 한다.
- 점성이 작아야 하며, 비열과 열전도율이 커야 한다.
- 가격이 경제적이며 구입이 용이해야 한다.
- 불활성이어야 한다.
- 공정점(동결온도)이 낮을 것(냉매의 증발온도보다 5~6°C 낮을 것)
- Ph값이 중성일 것(Ph 7.5~8.2)
- 누설 시 냉장품에 손상을 주지 않을 것, 금속에 대한 부식성이 없을 것

참고

[브라인의 종류]
- 무기질 브라인
  - 염화칼슘: 제빙용 및 냉장용으로 가장 많이 사용되며 공정점은 −55°C로 저온용이다.
  - 염화나트륨: 냉장용, 냉동용으로 사용되며 가격이 저렴하고 공정점은 −21°C이다.
  - 염화마그네슘: 공정점이 약 −33°C이다.

※ 공정점: 두 물질을 용해시키면 농도가 짙을수록 응고점이 낮아지게 되지만 일정 농도 이상이 되면 다시 응고점은 높아지게 된다. 이때의 최저 동결온도(응고점)를 공정점이라고 한다.

- 유기질 브라인: 에틸알콜(초저온 동결용), 에틸렌글리콜(제상용), 프로필렌글리콜(식품동결용)

42

정답 ②

[공기압축기]
- 밀폐한 용기 속에 공기를 동력으로 압축하여 압력을 높이는 기계이다.
- 공기압축기 규격표시는 분당 공기의 토출량으로 표시하므로 단위는 m^3/min이다.

43

정답 ③

[NC공작기계의 특징]
- 공구가 표준화되어 공구 수를 줄일 수 있는 장점을 가지고 있다.
- 다품종 소량생산 가공에 적합하다.
- 공장의 자동화 라인을 쉽게 구축할 수 있다.
- 항공기 부품과 같이 복잡한 형상의 부품가공 능률화가 가능하다.
- 인건비 및 제조원가를 경감시킬 수 있다.
- 가공조건을 일정하게 유지할 수 있고 생산성이 향상되며 공구 관리비를 절감할 수 있다.
- 무인가공이 가능하며 생산제품의 균일화가 용이하다.
- 가공조건을 일정하게 유지할 수 있다.

44

정답 ③

[숏피닝]
숏피닝은 샌드블라스팅의 모래 또는 그릿 블라스팅의 그릿 대신에 경화된 작은 강구를 일감의 표면에 분사시켜 피로강도 및 기계적 성질을 향상시키는 가공 방법이다.

[숏피닝의 특징]
- 숏피닝은 일종의 **냉간가공**법이다.
- 숏피닝 작업에는 청정작업과 피닝작업이 있다.
- 피닝은 표면에 강구를 고속으로 분사하여 표면에 **압축잔류응력**을 발생시키기 때문에 피로한도와 피로수명을 증가시켜 반복하중이 작용하는 부품에 적용시키면 효과적이다. 즉, **주로 반복하중이 작용하는 스프링에 적용시켜 피로한도를 높이는 것은 숏피닝이다.** 앞에 언급한 내용 자체가 2020년 교통안전공단 시험에 출제되었으므로 꼭 숙지해야 한다.
- **부적당한 숏피닝은 연성을 감소시켜 균열의 원인**이 될 수 있다.

[숏피닝의 종류]
- **압축공기식**: 압축공기를 노즐에서 숏과 함께 고속으로 분사시키는 방법으로 노즐을 이용하기 때문에 임의의 장소에서 노즐을 이동시켜 구멍 내면의 가공이 편리하다.
- **원심식**: 압축공기식보다 생산능률이 높으며 고속 회전하는 임펠러에 의해서 가속된 숏을 분사시키는 방법이다.

참고
- **숏피닝에 사용하는 주철 강구의 지름**: 0.5~1.0mm
- **숏피닝에 사용하는 주강 강구의 지름**: 평균적으로 0.8mm

45

정답 ②

비중: 물질의 고유 특성이며 기준이 되는 물질의 밀도에 대한 상대적인 비를 말하기 때문에 무차원수이다. **액체의 경우 1기압하에서 4°C 물을 기준으로 한다.**

$$S(\text{비중}) = \frac{\text{어떤 물질의 비중량 또는 밀도}}{\text{4℃에서 물의 비중량 또는 밀도}}$$

46

정답 ①

- 아래보기 용접에 대한 위보기 용접의 효율: 80%
- 아래보기 용접에 대한 수평보기 용접의 효율: 90%
- 아래보기 용접에 대한 수직보기 용접의 효율: 95%
- 공장용접에 대한 현장용접의 효율: 90%

$$\text{용접부의 이음 효율} = \frac{\text{용접부의 강도}}{\text{모재의 강도}} = \text{형상계수}(k_1) \times \text{용접계수}(k_2)$$

종류	전자세 All Position	위보기(상향자세) Overhead Position	아래보기(하향자세) Flat Position	수평보기(횡향자세) Horizontal Position	수직보기(직립자세) Vertical Position
기호	AP	O	F	H	V

47

정답 ①

[진동의 종류]

감쇠자유진동	$m\ddot{x}+c\dot{x}+kx=F_n$
비감쇠자유진동	$m\ddot{x}+kx=F_n$
감쇠강제진동	$m\ddot{x}+c\dot{x}+kx=F(t)$
비감쇠강제진동	$m\ddot{x}+kx=F(t)$

[여기서, F_n : 초기하중, $F(t)$: 시간종속하중, c : 감쇠]

- 자유진동: 외력 없이 초기조건만으로 진동할 때
- 강제진동: 지진하중, 풍하중 등의 외력에 의해 진동할 때

48

정답 ③

- 청열 취성: 200~300℃ 부근에서 인장강도나 경도가 상온에서의 값보다 높아지지만 여리게(메지다, 깨지다, 취성이 있다) 되는 현상이다. 파란색의 산화 피막이 표면에 발생되기 때문에 청열 취성이라고 부른다. 온도가 200~300°C에서 연강은 상온에서보다 강도와 경도가 높아지지만, 연신율이 낮아지고 부서지기 쉬운 성질을 갖게 된다. 그리고 청열 취성의 주된 원인은 질소(N)이며 산소가 조장한다. 그리고 청열 취성이 발생하는 온도에서 소성 가공은 피해야 한다.
- 적열 취성: 강 속에 포함되어 있는 황(S)은 일반적으로 망간(Mn)과 결합하여 황화망간(MnS)이 되어 존재하게 된다. 여기서 황(S)의 함유량이 높아지면 황은 철(Fe)과 결합하여 황화철(FeS)가 되어 강 입자의 경계에 망상이 되어 분포하게 된다. 이와 같은 상태의 황은 950°C 이상에서 강에 해로운 영향을 끼친다. 황(S)이 원인이 되어 950°C 이상에서 인성이 저하하는 현상으로 망간(Mn)을 첨가하여 방지할 수 있다.
- 상온 취성: 인(P)이 원인이 되는 취성으로 인(P)을 많이 함유한 재료에서 나타난다. 구체적으로 인(P)이 펄라이트 속의 시멘타이트를 배척하여 페라이트를 집합시키는 작용을 하기 때문에 강의 입자를 조대화시켜 강의 강도, 경도, 탄성한계 등을 높이지만 연성, 인성을 저하시키고 취성이 커지게 된다.

이 영향은 강을 고온에서 압연이나 단조할 때는 거의 나타나지 않지만 상온에서는 자주 나타나기 때문에 상온 취성이라고 부른다. 즉, 인(P)이 원인이 되어 충격값 및 인성이 저하되는 현상이다.

- 저온 취성: 탄소강이 상온 부근이나 저온(−30~−20°C 이하, −70°C)에서 충격치가 현저하게 저하되는 현상이다. 구체적으로 저탄소강이나 인(P)을 많이 함유한 강에서 나타난다. 또한, 저온 취성은 재료가 상온보다 온도가 낮아질 때 발생하는 것으로 경도나 인장강도는 증가하지만, 연신율이나 충격값은 감소한다. 그리고 저온 취성은 니켈(Ni)을 첨가하여 방지할 수 있으며 뜨임(소려, Tempering)을 하여 결정 구조를 향상시켜 방지할 수 있다.

참고

고온 취성: 크게 보면 고온 취성과 적열 취성을 같게 보는 경우도 있다. 하지만 고온 취성이 적열 취성을 포함하는 관계라고 보는 것이 가장 적합하다. 즉, 고온 취성은 구리(Cu)가 원인이며 고온 취성 안에 적열 취성이 있다고 보는 것이 가장 맞는 표현이다.

49

정답 ③

[구성인선(빌드업 에지)]

날 끝에 칩이 달라붙어 마치 절삭날의 역할을 하는 현상

- 구성인선이 발생하면, 날 끝에 칩이 달라붙어 날 끝이 울퉁불퉁하게 된다. 따라서 표면을 거칠게 하거나 동력손실을 유발할 수 있다.
- 구성인선 방지법은 절삭 속도 크게, 절삭 깊이 작게, 윗면 경사각 크게, 마찰계수가 작은 공구 사용, 30° 이상 바이트의 전면 경사각을 크게, 120m/min 이상의 절삭속도 사용 등이 있다. 고속으로 절삭하면 칩이 날 끝에 용착되기 전에 칩이 떨어져 나가고 절삭 깊이가 작으면 그만큼 날 끝과 칩의 접촉 면적이 작아져 칩이 날 끝에 용착될 확률이 작아진다. 그리고 윗면 경사각이 커야 칩이 윗면에 충돌하여 붙기 전에 떨어져 나간다.
- 구성인선의 끝단 반경은 실제공구의 끝단 반경보다 크다(칩이 용착되어 날 끝의 둥근 부분[노즈]가 커지므로).
- 일감의 변형경화지수가 클수록 구성인선의 발생 가능성이 커진다.
- 구성인선의 경도값은 공작물이나 정상적인 칩보다 상당히 크다.
- 구성인선은 발생 → 성장 → 분열 → 탈락(발성분탈)의 과정을 거친다.
- 구성인선은 공구면을 덮어 공구면을 보호하는 역할도 할 수 있다.
- 구성인선을 이용한 절삭방법은 SWC이다. 칩은 은백색의 띠며 절삭저항을 줄일 수 있는 방법이다.
- 구성인선이 발생하지 않을 임계속도: 120m/min

참고

마멸 → 파괴 → 탈락 → 생성(마파탈생)은 자생과정의 과정 순서이다. 반드시 구분해야 한다.

50

정답 ①

- **응력집중**: 단면이 급격하게 변하는 부분, 모서리 부분, 구멍 부분에서 응력이 집중되는 현상
- **응력집중계수(형상계수)**: (노치부의 최대응력/단면부의 평균응력)으로 1보다 크다.

[응력집중 완화 방법]

- 필렛 반지름을 최대한 크게 하며 단면변화부분에 보강재를 결합하여 응력집중을 완화시킨다.
- 축단부에 2~3단의 단부를 설치해 응력 흐름을 완만하게 한다.
- 단면 변화 부분에 숏피닝, 롤러압연처리, 열처리 등을 통해 응력집중부분을 강화시킨다.
- 테이퍼지게 설계하며, 체결부위에 체결 수(리벳 ,볼트)를 증가시킨다.

기출 기반 모의고사 1회에 대한 저자 의견

1. 전체적인 난이도는 ■■■□□ "중상" 정도라고 생각합니다. 흑체의 에너지 방사속도, 프로그램 제어, 프로세스 제어, 액백, 상대습도/절대습도, NC 프로그램 보조기호 M, 비커스 경도값 구하기, 윤활제, 절삭 공정의 종류, 용접 효율 등에 대한 문제가 난이도가 있다고 생각합니다.

2. 1회 모의고사는 공기업에서 실제로 출제된 문제로 구성하였습니다. 다소 쉬운 문제도 있고, 자주 출제되는 문제와 변별력이 있는 문제를 수록했습니다. 그리고 각 문제마다 어디에서 출제된 문제인지 그 출처를 밝혀서 신뢰도를 높였습니다.

3. 기 출제된 공조와 기계제도 문제를 수록하여 난이도를 높였습니다. 폭넓은 기계일반 범위에서 기출문제를 풀고 숙지하여 학습의 효율성을 높이기를 바랍니다.

4. 쉽게 출제되었던 문제는 난이도를 약간 높게 변형하여 수록하였으므로 해설에 포함된 관련 이론까지 모두 숙지하시기 바랍니다. 시험과 관련 없는 내용이나 동떨어진 내용은 아예 문제집에 포함시키지 않았습니다. 역대 시험에서 출제된 문제나 출제가 예상되는 문제와 내용들을 엄선하여 분석한 후 만든 문제집입니다. 반드시 모두 숙지하시기 바랍니다.
   감사합니다.

2회 실전 모의고사

1문제당 2점 / 점수 [ ]점

→ 정답 및 해설: p.71

01 800rpm으로 전동축을 지지하고 있는 미끄럼 베어링에서 저널의 지름은 12cm, 저널의 길이는 20cm이다. 이때 레이디얼 하중은 몇 N인가? [단, 베어링의 압력은 약 0.35MPa]

[필수 중요 문제 및 다수 공기업 기출]

① 4,900N ② 2,800N ③ 8,400N ④ 1,400N

02 다음 중 반지름 방향으로 왕복 운동하여 관의 직경을 줄이는 가공 방법은? [2019 한국가스공사 기출]

① 인발 ② 압연 ③ 압출 ④ 스웨이징

03 다음 중 ICFTA에서 지정한 7가지 주물 표면결함의 종류가 아닌 것은? [2017 서울시설공단 기출]

① Scar ② 표면겹침 ③ 기공 ④ 콜드셧

04 단면이 일정하고 길이가 L, 단면의 폭이 b, 두께가 h인 외팔보형 판스프링의 끝단에 하중 P가 작용했을 때 처짐이 64mm였다. 이때, 폭을 $0.5b$로 두께를 $4h$로 변경시켰다면 처짐은 몇 mm인가? [단, 작용하는 하중과 길이는 일정하다.]

[필수 중요 문제 및 다수 공기업 기출]

① 2mm ② 4mm ③ 8mm ④ 16mm

05 마하수와 관련된 설명으로 옳지 못한 것은? [필수 중요 문제 및 다수 공기업 기출]

① 압축성 효과는 마하수가 0.3보다 클 때 고려된다.
② 마하수는 관성력, 탄성력과 관련이 있는 무차원수이다.
③ 마하수를 알면 마하각을 알 수 있다.
④ 마하수가 1보다 작으면 아음속 유동이며 물체의 속도는 압력파의 전파속도보다 빠르다.

06 다음 중 표준연료의 옥탄가를 구하는 식은? [서울주택도시공사 등 다수 공기업 기출]

① $\dfrac{\text{세탄}}{\text{이소옥탄}+\text{정헵탄}}\times 100$

② $\dfrac{\text{세탄}}{\text{세탄}+(\alpha-\text{메틸나프탈렌})}\times 100$

③ $\dfrac{\text{이소옥탄}}{\text{세탄}+(\alpha-\text{메틸나프탈렌})}\times 100$

④ $\dfrac{\text{이소옥탄}}{\text{이소옥탄}+\text{정헵탄}}\times 100$

07 질량이 2kg, 체적이 $0.08m^3$인 습증기가 있다. 이 습증기의 건도는? [단, 포화액의 비체적 $0.02m^3$, 포화증기의 비체적 $2.02m^3$] [2019 인천도시공사 등 다수 공기업 기출]

① 0.005　② 0.01　③ 0.015　④ 0.02

08 다음 중 보기에 설명된 기계설비의 위험점은? [2017 한국지역난방공사 기출]

왕복운동 부분과 고정 부분 사이에 형성되는 위험점(프레스 및 창문 등)

① 절단점　② 물림점　③ 끼임점　④ 협착점

09 코일스프링의 제도법과 관련된 설명으로 옳지 못한 것은? [필수 중요 문제 및 다수 공기업 기출]

① 스프링의 종류와 모양만을 도시할 때에는 재료의 중심선만을 가는 실선으로 그린다.
② 스프링은 원칙적으로 무하중인 상태로 그린다.
③ 특별한 단서가 없는 한 모두 오른쪽 감기로 도시하고 왼쪽 감기로 도시할 때에는 감긴 방향을 왼쪽이라고 표시한다.
④ 코일 부분의 중간 부분을 생략할 때에는 생략한 부분을 가는 1점 쇄선으로 표시하거나 가는 2점 쇄선으로 표시해도 된다.

10 최소죔새는 어떻게 구해지는가? [필수 중요 문제 및 다수 공기업 기출]

① 구멍의 최대허용치수−축의 최소허용치수
② 구멍의 최소허용치수−축의 최대허용치수
③ 축의 최대허용치수−구멍의 최소허용치수
④ 축의 최소허용치수−구멍의 최대허용치수

11 다음에서 설명하는 것은 무엇인가? [필수 중요 문제 및 다수 공기업 기출]

통과측은 전 길이에 대한 치수 또는 결정량이 동시에 검사되고 정지측은 각각의 치수가 따로 따로 검사되어야 한다. 즉, 통과측 게이지는 제품의 길이와 같은 원통상이면 좋고 정지측은 그 오차의 성질에 따라 선택해야 한다.

① 테일러의 원리　② 아베의 원리
③ 보일의 법칙　④ 진리의 법칙

12 가공 방법 기호와 가공 후 가공 줄무늬 모양에 대한 설명으로 옳지 못한 것은?

[필수 중요 문제 및 다수 공기업 기출]

① = : 가공 후 가공 줄무늬 모양이 투상면에 평행하다.
② B : 브로칭 가공을 의미한다.
③ M : 가공 후 가공 줄무늬 모양이 여러 방향으로 교차하거나 무방향이다.
④ FF : 줄 다듬질을 의미한다.

13 회전차에서 나온 물이 가지는 속도수두와 회전차와 방수면 사이의 낙차를 유효하게 이용하기 위하여 회전차 출구와 방수면 사이에 설치하는 것은? [2018 인천국제공항공사 기출]

① 디플렉터 ② 튜블러 수차 ③ 흡출관 ④ 노즐

14 체크밸브의 기호로 옳은 것은? [2018 인천국제공항공사, 2020 서울산업진흥원 등 다수 공기업 기출]

① 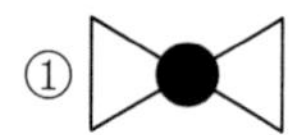 ② 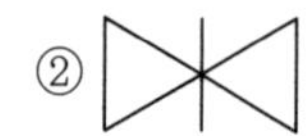 ③  ④ 

15 다음 중 단순입방구조의 충진율은? [필수 중요 문제]

① 52% ② 68% ③ 74% ④ 84%

16 다음 중 스트레이너의 형상에 따른 종류가 아닌 것은? [2018 인천국제공항공사 기출]

① U형 ② V형 ③ S형 ④ Y형

17 왕복펌프에서 송출관 안의 유량을 일정하게 유지시켜 수격현상을 방지해주는 것은?

[2019 서울주택도시공사 기출 등 다수 공기업 기출]

① 흡출관 ② 에어 챔버 ③ 전향기 ④ 풋 밸브

18 주물 표면불량의 종류로 주형의 팽창이 크거나 주형의 일부 과열로 발생하는 표면불량은?

[2018 서울시설공단 기출 변형]

① 버클 ② 와시 ③ 콜드셧 ④ 스캡

19 다음 중 용융금속이 주형을 완전히 채우지 못하고 응고된 것은? [2018 서울시설공단 기출]

① 콜드셧　② 개재물　③ scar　④ 주탕불량

20 다음 중 벨트전동장치와 관련된 설명으로 옳은 것은 모두 몇 개인가? [2018 서울시설공단 기출 변형]

- 벨트의 속도가 7m/s이면 원심력을 무시해도 된다.
- 두 축의 회전 방향이 반대일 때에도 사용할 수 있다.
- 큰 하중이 작용하면 미끄럼에 의한 안전장치 역할을 할 수 있다.
- 구동축과 종동축 사이의 거리는 두 풀리 직경의 합으로 구할 수 없다.

① 1개　② 2개　③ 3개　④ 4개

21 압연공정에 대한 설명으로 옳지 못한 것은? [2018 서울시설공단 기출 변형]

① 작업속도가 빠르며 조직의 미세화가 일어난다.
② 재질이 균일한 제품을 얻을 수 있다.
③ 중립점을 경계로 압연재료와 롤러의 마찰력 방향이 반대가 된다.
④ non-slip point에서 최소압력이 발생한다.

22 지름이 매우 작은 봉 형태의 일감을 고정시키는 데 사용하며, 터릿선반에서 대량생산을 위해 적합한 척은? [필수 중요 문제 및 다수 공기업 기출]

① 콜릿척　② 마그네틱척　③ 스크롤척　④ 단동척

23 보온재는 유기질 보온재와 무기질 보온재로 구분할 수 있다. 다음 중 무기질 보온재의 종류가 아닌 것은? [필수 중요 문제]

① 석면　② 탄산마그네슘　③ 코크스　④ 펄라이트

24 다음 보기에서 설명하는 사이클은? [필수 중요 문제 및 다수 공기업 기출]

기존 랭킨 사이클의 열효율을 증대시키기 위해 터빈에서 단열팽창 중인 과열증기의 일부를 추기하여 추기된 과열증기의 열을 이용하여 보일러로 들어가는 급수를 미리 예열시켜 급수의 온도를 높인다. 이에 따라 보일러의 공급 열량을 감소시켜 열효율을 증대시킨다.

① 재열사이클　② 브레이턴 사이클　③ 재생사이클　④ 오토사이클

25 다음 빈칸에 들어갈 용어를 차례대로 옳게 서술한 것은? [필수 중요 문제 및 기출 변형]

> [ ]: 고온, 정하중 상태에서 장시간 방치하면 시간에 따라 변형이 증가하는 현상
> [ ]: 재료의 성질이 시간에 따라 변화하는 현상 및 그 성질
> [ ]: 소성 변형 후에 그 양이 시간에 따라 변화하는 현상 및 그 성질

① 크리프, 탄성후기 효과, 경년 변화
② 크리프, 경년 변화, 탄성후기 효과
③ 크리프, 바우싱거 효과, 가공 경화
④ 크리프, 가공경화, 경년 변화

26 부력과 관련된 설명으로 옳지 <u>않은</u> 것은? [필수 중요 문제 및 다수 공기업 기출 변형]

① 어떤 물체를 물, 수은, 알코올 속에 각각 일부만 잠기게 넣었을 때의 부력 크기는 모두 동일하다. [단, 잠기게 넣은 부피는 모두 다르다]
② 부력은 아르키메데스의 원리이며 물체가 밀어낸 부피만큼의 액체 무게라고 정의된다.
③ 물체가 완전히 잠겨있는 경우, 공기 중에서의 물체 무게는 부력의 크기와 액체 중에서의 물체 무게의 합과 같다.
④ 동일한 물체의 경우 깊은 곳에 완전히 잠겨있을 때의 부력은 얕은 곳에 완전히 잠겨있을 때의 부력보다 크다. [단, 동일한 유체일 경우]

27 황동을 브로칭 가공할 때, 적합한 절삭속도[m/min]는 얼마인가? [부산교통공사 기출 변형]

① 3m/min ② 7m/min ③ 16m/min ④ 34m/min

28 체인의 평균 속도가 4m/s, 잇수가 40개인 스프로킷 휠이 300rpm으로 회전한다면 체인의 피치는 몇 m인가? [필수 중요 문제 및 다수 공기업 기출]

① 20 ② 0.02 ③ 10 ④ 0.01

29 G04 코드에는 P, U, X가 있다. G04 P1500은 어떤 지령 방식인가? [2019 수도권매립지관리공사 기출 변형]

① CNC 선반에서 홈 가공 시 1,500초 동안 공구의 이송을 잠시 정지시키는 지령 방식이다.
② CNC 선반에서 홈 가공 시 150초 동안 공구의 이송을 잠시 정지시키는 지령 방식이다.
③ CNC 선반에서 홈 가공 시 15초 동안 공구의 이송을 잠시 정지시키는 지령 방식이다.
④ CNC 선바에서 홈 가공 시 1.5초 동안 공구의 이송을 잠시 정지시키는 지령 방식이다.

30 다음 중 결합제의 종류와 기호가 <u>잘못</u> 짝지어진 것은? [2018 한국가스공사 등 다수 공기업 기출]

① 셀락 – E
② 실리케이트 – S
③ 레지노이드 – R
④ 비트리파이드 – V

31 다음 중 진동의 3가지 기본 요소로 옳게 짝지은 것은? [필수 중요 문제]

고유진동수, 질량, 주파수 응답 함수, 감쇠, 스프링 상수, 모드 형상

① 고유진동수, 질량, 모드 형상
② 주파수 응답 함수, 감쇠, 모드 형상
③ 질량, 감쇠, 스프링 상수
④ 고유진동수, 주파수 응답 함수, 모드 형상

32 기어전동축을 위한 베어링 설계 시 축방향 하중을 고려하지 <u>않아도</u> 되는 기어는? [필수 중요 문제]

① 웜기어 ② 헬리컬기어
③ 하이포이드기어 ④ 헤링본기어

33 고진공펌프의 종류로 옳지 <u>않은</u> 것은? [한국농어촌공사 등 기출]

① 터보분자 ② 오일 확산 ③ 크라이오 ④ 수봉식

34 압연가공의 자립 조건으로 옳은 것은? [단, μ: 마찰계수, θ: 접촉각]
[서울주택도시공사 등 다수 공기업 기출]

① $\mu \geq \tan\theta$ ② $\mu \leq \tan\theta$ ③ $\theta \geq \tan\mu$ ④ $\mu = \tan\theta$

35 다음 중 보기에서 설명하는 압연 제품의 표면 결함은? [필수 중요 문제]

판재의 끝 부분이 출구부에서 양쪽으로 갈라지는 결함

① 지퍼크랙 ② 에지크랙
③ 웨이브에지 ④ 엘리게이터링

36 송풍기의 압력 상승 범위로 옳은 것은? [에너지, 주택 등 다수 공기업 기출]

① 100mmAq 미만 ② 1~10mAq
③ 1기압 이상 ④ 1,000mmHg 미만

37 주물사와 관련된 설명으로 옳지 않은 것은? [2019 서울시설공단 기출 변형 및 필수 중요 문제]

① 비철합금용(황동, 청동) 주물사는 내화성, 통기성보다 성형성이 좋으며 소량의 소금을 첨가하여 사용한다.
② 건조사는 건조형에 적합한 주형사로, 생형사보다 수분, 점토, 내열제를 더 적게 첨가한다. 균열 방지용으로 코크스 가루나 숯가루, 톱밥을 배합한다.
③ 주강용 주물사는 규사와 점결제를 이용하는 주물사로 내화성과 통기성이 우수하다.
④ 샌드밀은 입도를 고르게 갖춘 주물사에 흑연, 레진, 점토, 석탄가루 등을 첨가해서 혼합 반죽처리를 한 후에 첨가물을 고르게 분포시켜 강도, 통기성, 유동성을 좋게 하는 혼합기이다. 주철용 주물사는 신사와 건조사를 사용한다.

38 스플라인이 전달할 수 있는 토크값은 $T = P\frac{d_m}{2}Z\eta = (h-2c)l\,q_a\frac{d_m}{2}Z\eta$ 이다. P는 이 한 개의 측면에 작용하는 회전력이며, d_m은 평균 지름, h는 이의 높이, c는 모따기값, l은 보스의 길이, q_a는 허용면 압력, Z는 잇수, η는 접촉효율이다. 보통 η(접촉효율)는 이론적으로는 100%이지만 실제로는 절삭가공 정밀도를 고려하여 전달토크를 계산할 때, 전체 이의 ( )%가 접촉하는 것으로 가정하여 계산한다. ( ) 안에 들어갈 수로 알맞은 것은? [2019 경기도시공사 기출]

① 55% ② 65% ③ 75% ④ 85%

39 KS 규격표시가 옳게 짝지어진 것은 모두 몇 개인가? [다수 공기업 기출 및 필수 중요 문제]

KS A 일반(기본)	KS B 기계	KS C 전기	KS D 금속	KS E 광산	KS F 토건(건설)	KS G 일용품
KS H 식료품	KS I 환경	KS J 생물	KS K 섬유	KS L 요업	KS M 화학	KS P 의료
KS Q 품질경영	KS R 수송	KS S 서비스	KS T 물류	KS V 조선	KS W 항공	KS X 정보

① 18개 ② 19개 ③ 20개 ④ 21개

40 다음 중 터보형 펌프의 종류가 아닌 것은? [다수 공기업 기출 및 필수 중요 문제]

① 와권펌프 ② 사류펌프
③ 제트펌프 ④ 축류펌프

41 다음 중 유압 펌프의 크기를 결정하는 것으로 옳게 짝지어진 것은?

[다수 공기업 기출 및 필수 중요 문제]

압력, 유속, 토출량, 무게, 회전수

① 유속, 무게
② 압력, 회전수
③ 압력, 토출량
④ 유속, 토출량

42 테일러의 공구 수명식 $VT^n = C$에서 T는 공구수명이다. 그렇다면 공구수명에 가장 큰 영향을 미치는 요인을 크기 순서로 옳게 표현한 것은?

[다수 공기업 기출 및 필수 중요 문제]

① 절삭속도 > 이송속도 > 절삭깊이
② 절삭속도 > 절삭깊이 > 이송속도
③ 절삭깊이 > 절삭속도 > 이송속도
④ 이송속도 > 절삭속도 > 절삭깊이

43 다음과 같은 상황을 고려했을 때, 옳지 않은 것은? [단, 두 물질의 질량은 같다.]

[필수 중요 문제]

온도가 30°C인 물질 A, B에 200J의 열을 가했을 때, 물질 A는 35°C, 물질 B는 40°C가 되었다.

① 물질 A의 열용량은 40J/K이다.
② 물질 B의 열용량은 20J/K이다.
③ 물질 A는 물질 B보다 열에너지를 잘 축적하지 못한다.
④ 물질 A는 물질 B보다 온도가 쉽게 변하지 않는다.

44 다음 보기 중 금속조직검사의 종류로 옳은 것은 모두 몇 개인가?

[다수 공기업 기출 및 필수 중요 문제]

비틀림시험, 매크로검사, 충격시험, 현미경조직검사, 와류탐상법, 설퍼프린트법, 인장시험

① 1개
② 2개
③ 3개
④ 4개

45 절삭 공정 가공에서 절삭동력이 8PS, 절삭 속도가 480m/min일 때, 주 분력[kgf]은 얼마인가? [단, $\eta = 100\%$]

[다수 공기업 기출 및 필수 중요 문제]

① 75kgf
② 102kgf
③ 60kgf
④ 120kgf

46 시퀀스 제어와 관련된 특징으로 옳지 못한 것은? [필수 중요 문제]

① 유접점 제어 방식은 기계식인 릴레이, 타이머를 사용하는 제어 방식이다.
② 시퀀스 제어는 조작이 쉽고 고도의 기술이 필요하지 않으며 취급정보가 이진정보이다.
③ 시퀀스 제어는 회로의 구성이 반드시 폐 루프는 아니다.
④ 되먹임(피드백) 요소로 기준 입력과 비교하여 조건 변화에 대처할 수 있다.

47 다음 금속에 대한 설명 중 옳지 않은 것은? [필수 중요 문제]

① 금속의 전기전도율이 클수록 고유저항은 낮아진다.
② 선팽창계수는 온도가 1°C 변할 때 단위 길이당 늘어난 재료의 길이를 말한다.
③ 선팽창계수가 큰 순서는 Zn > Pb > Mg > Al > Cu > Fe > Cr이다.
④ 전기저항이 큰 순서는 Ag > Cu > Au > Al > Mg > Zn > Ni > Fe > Pb > Sb이다.

48 배관을 설계할 때 설계압력이 10~100kgf/cm^2라면 어떤 배관을 사용해야 하는가? [다수 공기업 기출 및 필수 중요 문제]

① SPP ② SPHT ③ SPPS ④ SPLT

49 블록 브레이크에서 브레이크 블록에 작용하는 힘이 5,000N이다. 500N · m의 토크가 작용하고 있을 때 브레이크 드럼과 블록 사이의 마찰계수는 얼마인가? [단, 브레이크 드럼의 지름은 500mm] [다수 공기업 기출 및 필수 중요 문제]

① 0.1 ② 0.2 ③ 0.3 ④ 0.4

50 가단성과 관련된 설명으로 옳지 못한 것은? [2019 경기도시공사 기출]

① 가단성은 재료가 외력에 의해 외형이 변형하는 성질을 말하며 전성이라고도 한다.
② 가단성은 재료가 균열을 일으키지 않고 재료가 겪을 수 있는 변형 능력이라고 봐도 된다.
③ 어떤 재료에 외력을 가했을 때 즉시 파괴되었다면 그 재료는 가단성이 큰 재료이다.
④ 상온에서 헤머링의 경우, 가단성이 큰 순서는 금 > 은 > 알루미늄 > 구리 > 주석 > 백금 > 납 > 아연 > 철 > 니켈이다.

2회 실전 모의고사 정답 및 해설

01	③	02	④	03	③	04	①	05	④	06	④	07	②	08	④	09	①	10	④
11	①	12	②	13	③	14	③	15	①	16	③	17	②	18	④	19	④	20	④
21	④	22	①	23	③	24	③	25	②	26	④	27	④	28	②	29	④	30	③
31	③	32	④	33	④	34	①	35	④	36	②	37	②	38	③	39	④	40	③
41	③	42	②	43	③	44	③	45	①	46	④	47	④	48	③	49	④	50	③

01

정답 ③

베어링에 레이디얼 하중(반경 방향 하중)이 작용하고 있으므로

$$압력(p) = \frac{하중}{투영한\ 면적}$$

$P = pdl = 0.35 \times 0.12 \times 0.2 = 8,400\text{N}$

02

정답 ④

① **인발**: 봉재를 축방향으로 다이 구멍에 통과시켜 직경을 줄이는 공정 방법이다.

② **압연**: 열간 및 냉간에서 금속을 회전하는 두 개의 롤러 사이를 통과시켜 두께나 지름을 줄이는 공정 방법이다.

③ **압출**: 단면이 균일한 봉이나 관 등을 제조하는 공정 방법이다.

④ **스웨이징**: 압축가공의 일종으로 선, 관, 봉재 등을 공구 사이에 넣고 압축 성형하여 두께 및 지름 등을 감소시키는 공정 방법으로 봉 따위의 재료를 **반지름 방향**으로 다이를 왕복 운동하여 지름을 줄이는 공정이다.

✓ 실제 한국가스공사 시험 때 많은 분들이 인발을 선택하여 오답률이 높았던 문제이다. 반드시 인발과 구별하자. **스웨이징은 "반지름 방향"으로 왕복 운동!**

03

정답 ③

기공은 ICFTA에서 지정한 주물결함의 한 종류이다. 즉, 주물 표면결함에 들어가는 결함이 아니다.

[ICFTA에서 지정한 7가지 주물결함의 종류]

금속돌출, 기공, 불연속, 표면결함, 충전불량, 치수결함, 개재물

- **금속돌출**: fin(지느러미)
- **표면결함**: 스캡, 와시, 버클, 콜드셧, 표면굽힘, 표면겹침, scar

04

정답 ①

$$\delta_1 = \frac{6PL^3}{nbh^3E}$$

$\delta_2 = \dfrac{6PL^3}{n(0.5b)(4h)^3E} = \dfrac{6PL^3}{32nbh^3E}$가 도출된다. 즉, 처짐은 $\dfrac{1}{32}$배가 된다.

$$\rightarrow\ 64 \times \frac{1}{32} = 2\mathrm{mm}$$

[외팔보형 판스프링]

굽힘응력: $\sigma = \dfrac{6PL}{Bh^2} = \dfrac{6PL}{nbh^2}$

처짐량: $\delta = \dfrac{6PL^3}{Bh^3E} = \dfrac{6PL^3}{nbh^3E}$ [여기서, n : 판수, $B = nb$]

[단순보형 겹판스프링]

굽힘응력: $\sigma = \dfrac{3PL}{2nbh^2}$

처짐량: $\delta = \dfrac{3PL^3}{8nbh^3E}$

■ 외팔보형 겹판스프링의 공식에서 하중 $P \rightarrow \dfrac{P}{2}$, 길이 $L \rightarrow \dfrac{L}{2}$로 대입하면 위와 같은 식이 도출된다.

05

정답 ④

- 마하수: 풍동실험에서 압축성 유동에서 중요한 무차원수. 속도/음속, 관성력/탄성력
- 코시수: 관성력/탄성력

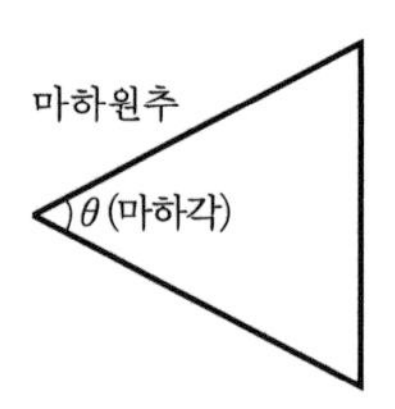

- 마하수와 마하각의 관계: $\sin\theta = \dfrac{1}{M} = \dfrac{a}{V}$ [여기서, a: 음속, V: 속도]

[마하수에 따른 유동]
- 초음속 유동: 마하수가 1보다 큰 유동이며 물체의 속도는 압력파의 전파속도보다 빠르다.
- 음속 유동(천이음속 유동): 마하수가 1인 유동이며 물체의 속도와 음속이 같다.
- 아음속 유동: 마하수가 1보다 작은 유동이며 물체의 속도는 압력파의 전파속도보다 느리다.

✓ 압축성 효과는 마하수 $\mathrm{M} > 0.3$이어야 발생한다.

06

정답 ④

[옥탄가]

연료의 내폭성, 노킹저항성을 의미한다.

• 표준연료의 옥탄가: $\frac{\text{이소옥탄}}{\text{이소옥탄}+\text{정헵탄}}\times 100$

예 옥탄가 90 → 이소옥탄 90% + 정헵탄 10%

즉, 90은 이소옥탄의 체적을 의미한다.

[세탄가]

연료의 착화성을 의미한다.

• 표준연료의 세탄가: $\frac{\text{세탄}}{\text{세탄}+(\alpha-\text{메틸나프탈렌})}\times 100$

• 가솔린기관에서는 옥탄가가 높아야 하며 디젤기관에서는 세탄가가 높아야 한다.

• 세탄가의 범위: 45~70

07

정답 ②

비체적$(\nu)=\frac{V}{m}=\frac{0.08}{2}=0.04\text{m}^3/\text{kg}$

$\nu_x=\nu_L+(\nu_v-\nu_L)x$ ← x는 건도를 의미한다.

[여기서, ν_x: 건도 x 상태에 있는 습증기의 비체적, ν_L: 포화액의 비체적, ν_v: 포화증기의 비체적]

→ $\nu_x=\nu_L+(\nu_v-\nu_L)x$ → $0.04=0.02+(2.02-0.02)x$ → $\therefore x=0.01$

08

정답 ④

[기계 위험점 6가지]

• 절단점: 회전하는 운동부 자체, 운동하는 기계 부분 자체의 위험점(날, 커터)
• 물림점: 회전하는 2개의 회전체에 물려 들어가는 위험점(롤러기기)
• 협착점: 왕복운동 부분과 고정 부분 사이에 형성되는 위험점(프레스, 창문)
• 끼임점: 고정 부분과 회전하는 부분 사이에 형성되는 위험점(연삭기)
• 접선물림점: 회전하는 부분의 접선방향으로 물려 들어가는 위험점(밸트-풀리)
• 회전말림점: 회전하는 물체에 머리카락이나 작업봉 등이 말려 들어가는 위험점

참고

위험점의 5대 요소: 함정, 충격, 접촉, 말림, 튀어나옴

09

정답 ①

[코일스프링의 제도]
- 스프링은 원칙적으로 무하중인 상태로 그린다.
- 하중과 높이(또는 길이), 처짐과의 관계를 표시할 때는 선도 및 항목표에 나타낸다.
- 특별한 단서가 없는 한 모두 오른쪽 감기로 도시하고 왼쪽 감기를 도시할 때에는 감긴 방향 왼쪽이라고 표시해야 한다.
- 코일 부분의 중간 부분을 생략할 때에는 생략한 부분을 가는 1점 쇄선으로 표시하거나 가는 2점 쇄선으로 표시한다.
- 스프링의 종류와 모양만을 도시할 때는 재료의 중심선만을 굵은 실선으로 그린다.
- 조립도나 설명도 등에서 코일스프링은 그 단면만으로 표시해도 좋다.

[겹판스프링의 제도]
- 무하중의 상태로 그릴 때에는 가상선으로 표시한다.
- 모양만을 도시할 때는 스프링의 외형을 실선으로 표시한다.
- 겹판스프링은 원칙적으로 판이 수평인 상태에서 그리며 하중이 걸린 상태에서 그릴 때는 하중을 평가한다.

참고

[나사의 도시법]
- 수나사의 바깥지름과 암나사의 안지름을 표시하는 선은 굵은 실선으로 표시한다.
- 수나사의 골지름과 암나사의 골지름은 가는 실선으로 표시한다.
- 수나사와 암나사의 측면도시에서는 골지름을 가는 실선으로 표시한다.
- 불완전 나사부의 골 밑을 표시하는 선은 축선에 대하여 30° 경사진 가는 실선으로 표시한다.
- 완전 나사부와 불완전 나사부의 경계는 굵은 실선으로 표시한다.
- 암나사의 나사 및 구멍은 120°의 굵은 실선으로 표시한다.
- 수나사와 암나사의 끼워맞춤 부분은 수나사를 기준으로 하여 표시한다.

✓ Tip: 골지름이 들어가면 거의 대부분 가는 실선이다.

10

정답 ④

[끼워맞춤 종류]
- 헐거운 끼워맞춤: 항상 틈새가 생기는 끼워맞춤으로 구멍의 최소치수가 축의 최대치수보다 크다.
  - 최대틈새: 구멍의 최대허용치수−축의 최소허용치수
  - 최소틈새: 구멍의 최소허용치수−축의 최대허용치수
- 억지 끼워맞춤: 항상 죔새가 생기는 끼워맞춤으로 축의 최소치수가 구멍의 최대치수보다 크다.
  - 최대죔새: 축의 최대허용치수−구멍의 최소허용치수
  - 최소죔새: 축의 최소허용치수−구멍의 최대허용치수
- 중간 끼워맞춤: 구멍, 축의 실 치수에 따라 틈새 또는 죔새의 어떤 것이나 가능한 끼워맞춤이다.

11

정답 ①

문제의 보기는 테일러의 원리에 대한 설명이다.

[통과측과 정지측]

- 구멍용 한계게이지: 구멍의 최소허용치수를 기준으로 한 측정단면이 있는 부분을 **통과측**이라 하며 구멍의 최대허용치수를 기준으로 한 측정단면이 있는 부분을 **정지측**이라고 한다.
- 축용 한계게이지: 축의 최대허용치수를 기준으로 한 측정단면이 있는 부분을 **통과측**이라 하며 축의 최소허용치수를 기준으로 한 측정단면이 있는 부분을 **정지측**이라고 한다.

참고

아베의 원리: 표준자와 피측정물은 동일 축선상에 있어야 한다는 원리이다.

[꼭 알아야 할 필수 내용]

테일러 블랭킹: 판재가공에서 모양과 크기가 다른 판재 조각을 레이저 용접한 후, 그 판재를 성형하여 최종 형상으로 만드는 기술이다.

12

정답 ②

L(Lathe)	선반 가공	B(Boring)	보링 가공
M(Milling)	밀링 가공	FR(File Reamer)	리머 가공
D(Drill)	드릴 가공	BR(Broach)	브로치 가공
G(Grinding)	연삭 가공	FF	줄 다듬질
GH(Honing)	호닝 가공	SPLH(Liquid Honing)	액체호닝

[줄무늬 방향 기호(가공 후 가공 줄무늬 모양)]

=	투상면에 평행	M	여러 방향으로 교차 또는 무방향
⊥	투상면에 수직	C	중심에 대하여 동심원
X	투상면에 교차	R	중심에 대하여 방사상

- 표면정밀도 높은 순서: 래핑 > 슈퍼피니싱 > 호닝 > 연삭 [래슈호연]
- 내면(구멍)의 정밀도가 높은 순서: 호닝 > 리밍 > 보링 > 드릴링 [호리보드]

13

정답 ③

① 디플렉터(전향기): 펠톤 수차에서 수차의 부하를 급격하게 감소시키기 위해 니들밸브를 급히 닫으면 수격 현상이 발생할 수 있다. 즉, 수격 현상을 방지하기 위해 분출수의 방향을 바꾸어주는 장치이다.

② 튜블러(원통형) 수차: 10m 정도의 저낙차, 조력발전용

③ 흡출관(draft tube): 회전차에서 나온 물이 가지는 속도수두와 회전차와 방수면 사이의 낙차를 유효하게 이용하기 위하여 회전차 출구와 방수면 사이에 설치하는 관이다. 공동현상 발생 등을 방지하는 것을 목적으로 손실수두를 회수하기 위해서 설치한다. 구체적으로 반동수차의 경우, 수차와 방수면 사이에 6~7m 또는 4~6m 높이로 설치한다.

④ **노즐**: 펠톤 수차에서 노즐은 물을 버킷에 분사하여 충동력을 얻는 부분으로 노즐로부터 분출되는 유량은 니들밸브로 제어하여 수차의 출력을 조절한다.

14

정답 ③

[밸브 기호]

기호	명칭	기호	명칭
	일반밸브		게이트밸브
	체크밸브		체크밸브
	볼밸브		글로브밸브
	안전밸브	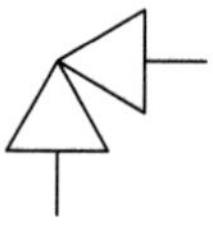	앵글밸브
	팽창밸브	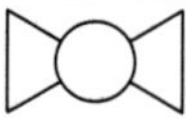	일반 콕

15

정답 ①

체심입방격자(BCC)	면심입방격자(FCC)	조밀육방격자(HCP)
Li, Na, Cr, W, V, Mo, α–Fe, δ–Fe	Al, Ca, Ni, Cu, Pt, Pb, γ–Fe	Be, Mg, Zn, Cd, Ti, Zr
강도 우수, 전연성 작음 용융점 높음	강도 약함, 전연성 큼 가공성 우수	전연성 작음, 가공성 나쁨

	체심입방격자(BCC)	면심입방격자(FCC)	조밀육방격자(HCP)
원자수	2	4	2
배위수	8	12	12
인접 원자수	8	12	12
충전율	68%	74%	74%

[단순입방구조(SC, Simple cubic structure)]

- 단위세포 8개의 격자점에 각각 원자가 한 개 위치한 것으로 가장 기본적인 결정구조이다. 대표적으로 원자번호 84번의 폴로늄(Po)이 있다.
- **단순입방구조의 충전율은 52%, 배위수는 6개, 단위격자당 원자수는 1개이다.**

→ 2019 한국전력기술에서 조밀육방격자의 충전율을 물어보는 문제가 출제되었다. 조만간 단순입방구조의 충전율, 배위수, 원자수 등을 물어보는 문제가 곧 출제될 것이라 판단된다. 따라서 위의 문제를 수록하였으니 반드시 해당 관련 개념을 모두 숙지하자.

참고

Co는 α-Co [조밀육방격자], β-Co [면심입방격자]이다.

16

정답 ③

- 스트레이너: 물, 증기, 기름 등이 흐르는 배관 내의 유체에 혼입된 토사, 이물질 등을 제거하기 위해 보통 펌프의 흡입 측에 설치하여 펌프로 들어가는 이물질 등을 막는다.
- 스트레이너의 종류: Y형, U형, V형 등

17

정답 ②

[공기실(Air chamber)]
- 액체의 유출을 고르게 하기 위해서 공기가 들어 있는 방
- 일반적으로 액체는 팽창성, 압축성이 작으므로 그 속도를 급변하게 되면 충돌이나 압력강하 현상이 일어나게 된다. 이는 곧 수격현상을 일으키게 되고 이를 방지하기 위해 설치된 공기가 차 있는 곳을 공기실이라고 한다.
- 송출관 안의 유량을 일정하게 유지시켜 수격현상을 방지해준다.

18

정답 ④

[주물 표면불량의 종류]
- 와시: 주물사의 결합력 부족으로 발생
- 스캡: 주형의 팽창이 크거나 주형의 일부 과열로 발생
- 버클: 주형의 강도 부족 or 쇳물과 주형의 충돌로 발생

19

정답 ④

미스런(주탕불량): 용융금속이 주형을 완전히 채우지 못하고 응고된 것

20

정답 ④

- 벨트의 속도가 10m/s 이하이면 원심력을 무시해도 된다.
- 벨트를 엇걸기(십자걸기, 크로스걸기)하면 회전 방향을 반대로 할 수 있다.
- 축간거리를 $C = \frac{D_1 + D_2}{2}$ 처럼 구할 수 있는 것은 직접전동장치의 경우에만 가능하다.

[벨트전동의 특징]
- 구조가 간단하고 값이 저렴하며 비교적 정숙한 운전이 가능하다.
- 큰 하중이 작용하면 미끄럼에 의한 안전장치 역할을 할 수 있다.
- 접촉 부분에 약간의 미끄럼이 있기 때문에 정확한 속도비를 얻지 못한다.

✓ Tip: 이가 없는 전동장치들은 미끄럼으로 인해 정확한 속도비(속비)를 얻지 못하지만, 이가 있는 기어나 체인 등은 미끄럼이 없어 정확한 속도비(속비)를 얻을 수 있다. 즉, 정확한 속도비(속비)는 이의 유무에 따라 판단하면 된다.

참고

- 직접전동장치: 직접 접촉을 통해 얻어지는 마찰로 동력을 전달하는 장치(마찰차, 기어, 캠)
- 간접전동장치: 간접 접촉을 통해 얻어지는 마찰로 동력을 전달하는 장치(체인, 로프, 벨트)

✓ 전달할 수 있는 동력의 크기가 큰 순서: 체인>로프>V벨트>평벨트

21

정답 ④

[중립점(등속점, non-slip point)]

- 롤러의 회전속도와 판재가 통과하는 속도가 같아지는 지점으로 중립점에서는 최대압력이 발생한다.
- 중립점을 경계로 압연재료와 롤러의 마찰력 방향이 반대가 된다.
- 마찰이 증가하면 중립점은 입구쪽에 가까워진다.

22

정답 ①

[척의 종류]

- 단동척(independent chuck): 4개의 조가 단독으로 작동 불규칙한 모양의 일감을 고정한다.
- 연동척(universal chuck): 스크롤척(scroll chuck)이라고도 하며, 3개의 조가 동시에 작동한다. 원형, 정삼각형의 공작물을 고정하는 데 편리하다.
  - 고정력은 단동척보다 약하며 조(jaw)가 마멸되면 척의 정밀도가 떨어진다.
  - 단면이 불규칙한 공작물은 고정이 곤란하며 편심을 가공할 수 없다.
- 양용척(combination chuck, 복동척): 단동척과 연동척의 두 가지 작용을 할 수 있는 것
  - 조(jaw)를 개별적으로 조절할 수 있다.
  - 전체를 동시에 움직일 수 있는 렌지장치가 있다.
- 마그네틱척(magnetic chuck): 원판 안에 전자석을 설치하며 얇은 일감을 변형시키지 않고 고정시킨다(비자성체의 일감 고정 불가). 마그네틱척을 사용하면 일감에 잔류 자기가 남아 탈자기로 탈자시켜야 한다.
- 콜릿척(collet chuck): 가는 지름의 봉재 고정하는 데 사용하며 터릿선반이나 자동선반에서 지름이 작은 공작물이나 각봉을 대량으로 가공할 때 사용한다. 주축의 테이퍼 구멍에 슬리브를 꽂고 여기에 척을 끼워 사용한다.
- 압축공기척(compressed air operated chuck): 압축공기를 이용하여 조를 자동으로 작동시켜 일감을 고정하는 척이다.
  - 고정력은 공기의 압력으로 조정할 수 있다.
  - 압축공기 대신에 유압을 사용하는 유압척(oil chuck)도 있다.
  - 기계운전을 정지하지 않고 일감의 고정하거나 분리를 자동화할 수 있다.

23

정답 ③

[보온재의 구분]

- 유기질 보온재: 펠트, 텍스류, 코크스, 기포성 수지 등
- 무기질 보온재: 펄라이트, 석면, 탄산마그네슘, 유리섬유, 암면, 규조토 등

24

정답 ③

[재생사이클]

재생사이클은 터빈으로 들어가는 과열증기의 일부를 추기(뽑다)하여 보일러로 들어가는 급수를 미리 예열해준다. 따라서 급수는 미리 달궈진 상태이기 때문에 보일러에서 공급하는 열량을 줄일 수 있다. 또한, 기존 터빈에 들어간 과열증기가 가진 열에너지를 100이라고 가정하면 일을 하고 나온 증기는 일한 만큼 열에너지가 줄어들어 50 정도가 된다. 이때, 50의 열에너지는 응축기에서 버려지고, 이 버려지는 열량을 미리 일부를 추기하여 급수를 예열하는 데 사용했으므로, 응축기에서 버려지는 방열량은 자연스레 감소하게 된다. 그리고 $\eta = \frac{W_{터빈일}}{Q_{보일러\ 공급열량}}$ 효율 식에서 보일러의 공급열량이 줄어들어 효율은 상승하게 된다.

25

정답 ②

- **크리프**: 고온, 정하중 상태에서 장시간 방치하면 시간에 따라 변형이 증가하는 현상
- **경년 효과**: 재료의 성질이 시간에 따라 변화하는 현상 및 그 성질
- **탄성후기 효과**: 소성 변형 후에 그 양이 시간에 따라 변화하는 현상 및 그 성질

참고

■ 가공경화의 예: 철사를 반복하여 굽히면 굽혀지는 부분이 결국 부러진다.

"가공경화의 예로 옳은 것은?"의 답이 "철사를 반복하여 굽히는 굽혀지는 부분이 결국 부러진다"라고 에너지공기업, 지방공기업 등에서 출제되었던 적이 많다. 앞으로도 나올 가능성이 있으니 꼭 숙지하자.

26

정답 ④

동일한 물체가 동일한 유체 속에 잠겨 있다면 깊이에 상관없이 부력의 크기는 동일하다.

[부력]

- 부력은 아르키메데스의 원리이다.
- 물체가 밀어낸 부피만큼의 액체 무게라고 정의된다.
- 어떤 물체에 가해지는 부력은 그 물체가 대체한 유체의 무게와 같다.
- 어떤 물체가 유체 안에 있으면, 물체가 잠긴 부피만큼의 유체의 무게가 부력과 같다.
- 부력은 중력과 반대방향으로 작용(수직상방향의 힘)하며, 한 물체를 각기 다른 액체 속에 각각 일부만 잠기게 넣으면 결국 부력은 물체의 무게[mg]와 동일하게 작용하여 물체가 액체 속에서 일부만 잠긴 채 뜨게 된다. 따라서 부력의 크기는 모두 동일하다[부력 = mg].
- 부력은 결국 대체된 유체의 무게와 같다.
- 부력이 생기는 이유는 유체의 압력차 때문이다. 구체적으로 유체에 의한 압력은 $P = rh$에 따라 깊이가 깊어질수록 커지게 된다. 즉, 한 물체가 물속에 있다면 상대적으로 깊은 부분과 얕은 부분(윗면과 아랫면)이 생기고 더 깊이 있는 부분이 더 큰 압력을 받아 위로 향하는 힘, 즉 부력이 생기게 된다.

27

정답 ④

[브로칭 가공 시 가공물에 따른 절삭속도]

강	열처리 합금	주철	황동	알루미늄
3m/min	7m/min	16m/min	34m/min	110m/min

28

정답 ②

체인의 평균속도: $V=\dfrac{\pi DN}{60,000}=\dfrac{pZN}{60,000}$ [여기서, $\pi D=pZ$]

$$V=\frac{pZN}{60,000} \rightarrow p=\frac{60,000\,V}{ZN}=\frac{60,000\times 4}{40\times 300}=20\text{mm}=0.02\text{m}$$

29

정답 ④

G04 코드에는 P, U, X가 있다. 단, U, X는 1이 1초이지만, P는 1,000이 1초이다.
예를 들어, G04 P1500은 CNC 선반에서 홈 가공 시 1.5초 동안 공구의 이송을 잠시 정지시키는 지령 방식이다.

[보충 문제] 정답 ①

NC 프로그램에서 사용하는 코드 중, G는 준비 기능이다. 그렇다면 G04에 포함되지 않은 것은?

[2019 수도권매립지관리공사 기출]

① G04 S1 ② G04 U1 ③ G04 X1 ④ G04 P1500

→G04 코드에는 P, U, X가 있으므로 답은 ①이다. 꼭 숙지하자.

30

정답 ③

[결합제의 종류와 기호]

V	S	R	B	E	PVA	M
비트리파이드	실리케이드	고무	레지노이드	셸락	비닐결합제	메탈금속

- 유기질 결합제: R(고무), E(셸락), B(레지노이드), PVA(비닐결합제), M(금속)
  암기법: you(유기질)! (너) REB(랩) 해!
- 비트리파이드: 점토와 장석이 주성분인 결합제(공기업에서 다수 출제된 비트리파이드! 꼭 암기) ★

참고

[숫돌의 표시 방법]

숫돌입자	입도	결합도	조직	결합제
WA	46	K	m	V

[숫돌의 3요소]
• 숫돌입자: 공작물을 절삭하는 날로 내마모성과 파쇄성을 가지고 있다.
• 기공: 칩을 피하는 장소
• 결합제: 숫돌입자를 고정시키는 접착제

알루미나 (산화알루미나계_인조입자)	– A입자(암갈색, 95%): 일반강재(연강) – WA입자(백색, 99.5%): 담금질강(마텐자이트), 특수합금강, 고속도강
탄화규소계(SiC계_인조입자)	– C입자(흑자색, 97%): 주철, 비철금속, 도자기, 고무, 플라스틱 – GC입자(녹색, 98%): 초경합금
이 외의 인조입자	– B입자: 입방정 질화붕소(CBN) – D입자: 다이아몬드 입자
천연입자	– 사암, 석영, 에머리, 코런덤

결합도는 E3-4-4-4-나머지라고 암기하면 편하다. EFG, HIJK, LMNO, PQRS, TUVWXYZ 순으로 단단해진다. 즉, EFG[극히 연함], HIJK[연함], LMNO[중간], PQRS[단단], TUVWXYZ[극히 단단]!
입도는 입자의 크기를 체눈의 번호로 표시한 것으로, 번호는 Mesh를 의미하고 입도가 클수록 입자의 크기가 작다.

구분	거친 것	중간	고운 것	매우 고운 것
입도	10, 12, 14, 16, 20, 24	30, 36, 46 54, 60	70, 80, 90, 100, 120, 150, 180	240, 280, 320, 400, 500, 600

위의 표는 암기하자. 중앙공기업/지방공기업 다 출제되었다.
조직은 숫돌입자의 밀도, 즉 단위체적당 입자의 양을 의미한다. C는 치밀한 조직, m은 중간, W는 거친 조직을 의미한다. 꼭 암기하자.
✓ 공기업 기계직 기계의 진리 블로그에 로딩, 글레이징 현상 이해에 관련된 글을 업로드해놓았으니 꼭 읽어서 해당 내용을 이해하고 숙지하는 데 도움이 되길 바란다.

31

정답 ③

진동의 3가지 기본 요소: 질량(m), 감쇠(c), 스프링 상수(k)

참고

• 진동 모드 해석을 통해 얻어진 도출값: 고유진동수, 모드 형상
• 진동 해석에 필요한 물성치: 탄성계수, 감쇠계수
• 조화 해석을 통해 얻어진 도출값: 주파수 응답 함수

32

정답 ④

• 더블헬리컬기어는 비틀림각의 방향이 서로 반대이고 크기가 같은 한 쌍의 헬리컬기어를 조합한 기어이다. 비틀림각의 방향을 서로 반대로 놓아 기존 헬리컬기어에서 발생하는 추력을 없앨 수 있다.
• 더블헬리컬기어는 헤링본기어라고도 부른다.

33

정답 ④

[진공펌프]
대기압 이하의 저압 기체를 흡입해서 압축하여 대기 중에 방출해서 용기 속의 진공도를 높이는 펌프이다.

- 저진공펌프: 수봉식(너쉬 펌프), 루우츠형, 나사식, 유회전(게데형, 센코형, 키니형)
- 고진공펌프: 터보분자, 오일확산, 크라이오
  → 고진공펌프 암기법: 고속터미널(고터)에서 오크를 만났다.

참고

공기기계는 액체를 이용하는 펌프나 수차의 기본적 원리와 같지만, 기계적 에너지를 기체에 주어서 압력과 속도에너지로 변환하는 송풍기 및 압축기가 있다. 반대로 기계적 에너지로 변환해주는 압축공기기계가 있다.

- 저압식 공기기계: 송풍기, 풍차
- 고압식 공기기계: 압축기, 진공펌프, 압축공기기계

34

정답 ①

압연의 자립조건 = 스스로 압연이 가능하게 되는 조건
$\mu \geq \tan\theta$ [여기서, μ: 마찰계수, θ: 접촉각]

35

정답 ④

[압연 제품의 표면 결함 종류]

- 웨이브에지: 롤 굽힘이 원인이 되어 판의 가장자리가 물결모양으로 변형되는 결함
- 지퍼크랙: 소재의 연성이 나쁜 경우, 평판의 중앙부가 지퍼자국처럼 일정한 간격으로 찍히는 결함
- 에지크랙: 소재의 연성이 부족한 경우, 평판의 가장자리에 균열이 발생하는 결함
- 엘리게이터링: 판재의 끝 부분이 출구부에서 양쪽으로 갈라지는 결함

36

정답 ②

[압력상승범위]

- 팬의 압력상승범위: 1,000mmAq 미만
- 송풍기의 압력상승범위: 1~10mAq
- 압축기의 압력상승범위: 1기압 이상(약 1kg/cm^2 이상)

37

정답 ②

주물사: 주형을 만들기 위해 사용하는 모래로, 원료사에 점결제 및 보조제 등을 배합하여 주형을 만들 때 사용하는 모래이다.

[주물사의 구비조건]
- 적당한 강도를 가지며 통기성이 좋아야 한다.
- 주물 표면에서 이탈이 용이해야 한다.
- 적당한 입도를 가지며, **열전도성이 불량**하여 보온성이 있어야 한다.
- 쉽게 노화하지 않고 **복용성(값이 싸고 반복하여 여러 번 사용할 수 있음)**이 있어야 한다.

[주물사의 종류]
- **자연사 또는 산사**: 자연현상으로 생성된 모래로, 규석질 모래와 점토질이 천연적으로 혼합되어 있다. 수분을 알맞게 첨가하면, 그대로 주물사로 사용이 가능하다. 보통, 규사를 주로 한 모래에 **점토분이 10~15%인** 것을 많이 사용한다. 또한, 내화도 및 반복 사용에 따른 내구성이 낮다.
- **생형사**: 성형된 주형에 탕을 주입하는 주물사로 규사 75~85%, **점토 5~13%** 등과 적당량의 수분이 들어가 있는 산사나 합성사이다. 주로 일반 주철주물과 비철주물의 분야에 사용된다.
- **건조사**: 건조형에 적합한 주형사로, 생형사보다 수분, 점토, 내열제를 많이 첨가한다. 균열 방지용으로 코크스가루나 숯가루, 톱밥을 배합한다. 주강과 같이 주입온도가 높고, 가스의 발생이 많으며 응고속도가 빠르고 수축률이 큰 금속의 주조에서는 주형의 내화성, 통기성을 요하는 건조형사를 사용한다. 또한, 대형주물이나 복잡하고 정밀을 용하는 주물을 제작할 때 사용한다.
- **코어사**: 코어 제작용에 사용하는 주물사로, 규사에 점토나 다른 점결제를 배합한 모래이다. 성형성, 내열성, 통기성, 강도가 우수하다.
- **분리사**: 상형과 하형의 경계면에 사용하며, 점토분이 없는 원형의 세립자를 사용한다.
- **표면사**: 용탕과 접촉하는 주형의 표면부분에 사용한다. 내화성이 커야 하며, 주물 표면의 정도를 고려하여 입자가 작아야 하므로 석탄분말이나 코크스 분말을 점결제와 배합하여 사용한다.
- **이면사**: 표면사 층과 주형 틀 사이에 충진시키는 모래이다. 강도나 내화도는 그리 중요하지 않다. 다만, 통기도가 크고 우수하여 가스에 의한 결함을 방지한다.
- **규사**: 주성분이 SiO_2이며 점토분이 2% 이하이다. 그리고 점결성이 없는 규석질의 모래이다.
- **비철합금용 주물사**: 내화성, 통기성보다 성형성이 좋으며 소량의 소금을 첨가하여 사용한다.
- **주강용 주물사**: 규사와 점결제를 이용하는 주물사로 내화성과 통기성이 우수하다.

- ■ **점토의 노화온도**: 약 600℃
- ■ 주철용 주물사는 신사와 건조사를 사용한다.
- ■ **샌드밀**: 입도를 고르게 갖춘 주물사에 흑연, 레진, 점토, 석탄가루 등을 첨가해서 혼합 반죽처리를 한 후에 첨가물을 고르게 분포시켜 강도, 통기성, 유동성을 좋게 하는 혼합기이다.
- ■ **노화된 주물사를 재생하는 처리장치: 샌드밀, 샌드블랜더, 자기분리기 등**

38

정답 ③

스플라인이 전달할 수 있는 토크값은 $T=P\frac{d_m}{2}Z\eta=(h-2c)l\,q_a\frac{d_m}{2}Z\eta$ 이다. P는 이 한 개의 측면에 작용하는 회전력이며, d_m는 평균 지름, h는 이의 높이, c는 모따기값, l은 보스의 길이, q_a는 허용면 압력, Z는 잇수, η는 접촉효율 등이다. 보통 η(접촉효율)은 이론적으로는 100%이지만 실제로는 절삭가공 정밀도를 고려하여 전달토크를 계산할 때, 전체 이의 75%가 접촉하는 것으로 가정하여 계산한다.

39

정답 ④

[KS 규격 표시]

KS A 일반(기본)	KS B 기계	KS C 전기	KS D 금속	KS E 광산	KS F 토건(건설)	KS G 일용품
KS H 식료품	KS I 환경	KS J 생물	KS K 섬유	KS L 요업	KS M 화학	KS P 의료
KS Q 품질경영	KS R 수송	KS S 서비스	KS T 물류	KS V 조선	KS W 항공	KS X 정보

40

정답 ③

- **용적형 펌프:** 왕복펌프(피스톤, 플런저 펌프), 회전펌프(기어, 베인, 나사)
- **비용적형 펌프(터보형 펌프):** 원심(와권)펌프, 축류펌프, 사류펌프
- **특수형 펌프:** 와류펌프, 기포펌프, 제트펌프 등

41

정답 ③

- 유압 펌프의 크기를 결정하는 것: 압력(P), 토출량(Q)
- 유압 펌프의 토크 $T=\frac{PQ}{2\pi}$
- 펌프의 3가지 기본 사항: 유량(Q, $\mathrm{m^3/min}$), 양정(H, m), 회전수(N, rpm)

42

정답 ②

[테일러의 공구수명식]

$VT^n=C$

- V는 절삭속도, T는 공구수명이며 공구수명에 가장 큰 영향을 주는 것은 절삭속도이다.
- C는 공구수명을 1분으로 했을 때의 절삭속도이며 일감, 절삭조건, 공구에 따라 변한다.
- n은 공구와 일감에 의한 지수로 세라믹 > 초경합금 > 고속도강 순으로 크다.
- 테일러의 공구수명식을 대수선도로 표현하면 직선으로 표현된다.

→ 2020년 한국가스안전공사 시험에는 테일러의 공구 수명식 자체를 물어보는 문제가 출제되었으니 꼭 숙지하길 바라며 위의 모든 내용도 당연히 숙지하자.

43

정답 ③

열용량을 통해 "계를 구성하는 물질이 얼마나 열에너지를 잘 축적하는가, 계를 구성하는 물질의 온도가 얼마나 쉽게 변하는가"를 판단할 수 있다.

- 열용량이 크면 온도가 쉽게 변하지 않는다.
- 열용량이 크면 열에너지를 잘 축적한다.

물질 A의 열용량: $\frac{200}{5} = 40\text{J/K}$, 물질 B의 열용량: $\frac{200}{10} = 20\text{J/K}$

44

정답 ③

- 파괴시험: 인장시험, 압축시험, 비틀림시험, 굽힘시험, 충격시험(인성과 취성을 파악), 경도시험, 피로시험, 크리프시험, 마멸시험 등
- 비파괴시험: 자분탐상법(MT), 침투탐상법(PT), 초음파탐상법(UT), 방사선탐사법(RT), 와류탐상법(ET), 육안검사(VT), 누설검사(LT), 중성자투과검사(NRT), 적외선검사(IRT) 등

→ 자분탐상법(MT)는 내부결함을 파악할 수 없다. 또한, 18-8형 스테인리스강은 비자성체이므로 자분탐상법으로 결함을 관찰할 수 없다.

[대표적인 표면, 내부결함 탐상 검사 종류]

표면결함검사	침투탐상법(PT), 자분탐상법(MT)
내부탐상검사	방사선탐사(RT), 초음파검사(UT)
내부결함 검사가 가장 어려운 방법	액체침투법(겹친 분위, 기공, 표면결함을 검출하는 방법)

- 금속조직검사: 현미경조직검사, 매크로검사, 설퍼프린트법

45

정답 ①

[절삭동력, L]

$$L = \frac{FV}{75\times 60\eta}[\text{PS}] \rightarrow 8\text{PS} = \frac{F\times 480}{75\times 60} \rightarrow F = 75\text{kgf}$$

- $L = \dfrac{FV}{60\eta}[\text{kW}]$
- $L = \dfrac{FV}{75\times 60\eta}[\text{PS}] = \dfrac{FV}{102\times 60\eta}[\text{kW}]$

  [단, F: 주 분력(kgf), V: 절삭속도(m/min), η: 효율]

46

정답 ④

[시퀀스 제어]
- 미리 정해진 순서나 일정한 논리에 의해 제어의 각 단계를 순차적으로 수행하는 방식이다.
- 어떠한 기계의 시동, 정지, 운전 상태의 변경이나 제어계에서 필요로 하는 목표값의 변경 등을 미리 정해진 순서에 따라 수행하는 것이다.
- 전기 밥솥, 에어컨, 커피 자동 판매기, 컨베이어, 전기 세탁기 등

[시퀀스 제어의 구분]
- **유접점 회로**: 유접점 제어 방식은 기계식인 릴레이, 타이머를 사용하는 제어 방식으로 릴레이 시퀀스 회로라고도 한다.
- **무접점 회로**: IC, 트랜지스터 등 반도체 논리 소자를 사용하여 제어하는 방식으로 로직 시퀀스 회로라고도 한다. 충격과 진동에 강하지만 노이즈에 약하다. 그리고 응답속도가 빠르며 유접점 제어 방식보다 소형 및 경량이다.

[시퀀스 제어의 특징]
- 설치비용이 저렴하며 제어계의 구성이 간단하다.
- 조작이 쉽고 고도의 기술이 필요하지 않다.
- 취급정보가 이진정보(digital signal)이다.
- 회로구성이 반드시 폐 루프는 아니다.
- 되먹임(피드백) 요소가 없기 때문에 기준 입력과 비교할 수 없어서 조건 변화에 대처할 수 없다.

47

정답 ④

[열전도율 및 전기전도율이 높은 순서]
Ag > Cu > Au > Al > Mg > Zn > Ni > Fe > Pb > Sb
✓ 전기전도율이 클수록 고유저항은 낮아진다. 저항이 낮아야 전기가 잘 흐르기 때문이다.

[선팽창계수가 큰 순서]
Pb > Mg > Al > Cu > Fe > Cr [납마알구철크]
✓ 선팽창계수는 온도가 1℃ 변할 때 단위길이당 늘어난 재료의 길이를 말한다.

48

정답 ③

- 일반배관용 탄소강관(SPP): 10kgf/cm^2 이하일 때 사용한다.
- 압력배관용 탄소강관(SPPS): $10 \sim 100\text{kgf/cm}^2$일 때 사용한다.
- 고압배관용 탄소강관(SPPH): 100kgf/cm^2를 초과할 때 사용한다.
- 고온배관용 탄소강관(SPHT): 350℃ 이상일 때 사용한다.
- 저온배관용 탄소강관(SPLT): 0℃ 이하일 때 사용한다.

49

정답 ④

[브레이크 드럼을 제동하는 제동토크(T)]

$$T = \mu P \frac{D}{2} = f \frac{D}{2}$$

$T = 500\text{N} \cdot \text{m}$, $D = 500\text{mm}$ 이고 f(드럼의 접선 방향 제동력)은 $f = \mu P$

[여기서, μ: 브레이크 드럼과 볼록 사이의 마찰계수, P: 브레이크 블록에 작용하는 힘]

$$f = \frac{2T}{D} = \frac{2 \times 500}{0.5} = 2{,}000\text{N}$$

$$f = \mu P \rightarrow 2{,}000 = \mu \times 5{,}000 \quad \therefore \mu = 0.4$$

50

정답 ③

가단성: 재료가 외력에 의해 외형이 변형하는 성질을 말하며 전성이라고 한다.

- 전성: 외부의 힘에 의해 넓고 얇게 잘 펴지는 성질
- 연성: 외부의 힘에 의해 재료가 잘 늘어나는 성질

[상온에서 헤머링의 경우, 가단성이 큰 순서]

금 > 은 > 알루미늄 > 구리 > 주석 > 백금 > 납 > 아연 > 철 > 니켈

- 가단성이 크면 인성이 크므로 큰 외력을 가해도 쉽게 균열이 생기거나 깨지지 않는다.
- 어떤 재료에 외력을 가했을 때 즉시 파괴되었다면 그 재료는 **가단성이 작은 재료**이다.
- 가단성은 재료가 균열을 일으키지 않고 재료가 겪을 수 있는 변형 능력이라고 봐도 된다.

3회 실전 모의고사

1문제당 2.5점 / 점수 [ ]점

→ 정답 및 해설: p.95

01 뉴턴유체의 점도에 대한 설명으로 옳은 것을 모두 고르면? [다수 공기업 기출 변형]

ㄱ. 액체의 점도는 온도가 증가하면 감소한다.
ㄴ. 기체의 점도는 온도가 증가하면 감소한다.
ㄷ. 동점성계수는 밀도를 점성계수로 나눈 값이다.
ㄹ. 다른 조건이 동일하다면 점도가 증가할수록 전단응력이 증가한다.

① ㄱ, ㄴ ② ㄱ, ㄷ ③ ㄱ, ㄹ ④ ㄴ, ㄷ

02 복사열전달에 대한 설명으로 옳지 않은 것은? [한국가스공사 등 대비 필수 문제]

① 방사율(emissivity)은 같은 온도에서 흑체가 방사한 에너지에 대한 실제 표면에서 방사된 에너지의 비율로 정의된다.
② 열복사의 파장범위는 1000μm보다 큰 파장 영역에 존재한다.
③ 흑체는 표면에 입사되는 모든 복사를 흡수하며, 가장 많은 복사에너지를 방출한다.
④ 두 물체 간의 복사열전달량은 온도 차이뿐만 아니라 각 물체의 절대온도에도 의존한다.

03 물이 관 내부를 흐르고 SI단위계(m, kg, s)로 계산한 레이놀즈수가 100일 때, 영국단위계(ft, lb, s)로 계산한 레이놀즈수는? [단, 1ft는 0.3048m이고 1lb는 0.4536kg이다] [필수 중요 문제]

① 100 ② 387 ③ 1800 ④ 3217

04 단면이 원형인 매끈한 원관에서 뉴턴 유체가 흐를 때, 레이놀즈수의 증가와 관련하여 옳은 것은? [필수 중요 문제]

ㄱ. 관성력에 비해 점성력이 상대적으로 증가한다.
ㄴ. 유체의 평균 유속, 밀도, 관의 지름이 같다면 점도가 감소할수록 레이놀즈수가 증가한다.
ㄷ. 난류에서 층류로 전이가 일어남에 따라 레이놀즈수가 증가한다.

① ㄱ ② ㄴ ③ ㄱ, ㄴ ④ ㄴ, ㄷ

05 수평 원형관을 통한 유체흐름이 Hagen-Poiseuille식을 만족할 때 관의 반지름이 2배로 커지면 부피유량의 변화는? [단, 흐름은 정상상태이며 유체의 점도와 단위길이당 압력강하는 일정]

[다수 공기업 기출]

① 4배 증가 ② 8배 증가
③ 16배 증가 ④ 32배 증가

06 대류에 의한 열전달에 해당하는 법칙은? [다수 공기업 기출]

① Stefan-Boltzmann 법칙 ② Fourier의 법칙
③ Fick의 법칙 ④ Newton의 냉각 법칙

07 다음 중 마모된 암나사를 재생하거나 강도가 불충분한 재료의 나사 체결력을 강화시키는 데 사용되는 기계요소는? [2020 한국가스공사 기출]

① 로크너트 ② 헬리컬 와셔
③ 헬리서트 ④ 캡너트

08 가솔린기관의 이상사이클에 대한 설명으로 옳지 <u>않은</u> 것은? [다수 공기업 기출]

① 압축비가 커지면 열효율이 증가한다.
② 불꽃점화 기관의 이상사이클이다.
③ 열효율이 디젤사이클보다 좋다.
④ 열의 공급이 일정한 체적하에서 일어난다.

3회 실전 모의고사

09 열의 이동기구 중 하나인 전도는 분자의 진동에너지가 인접한 분자에 전해지는 것이다. 벽면을 통해 열이 전도된다고 가정할 때, 열전달속도를 빠르게 하는 방법으로 옳은 것은 모두 몇 개인가?

[필수 중요 문제]

- 벽면의 면적을 증가시킨다.
- 벽면 양끝의 온도 차이를 작게 한다.
- 열전도도가 큰 벽면을 사용한다.
- 벽면의 두께를 감소시킨다.

① 1개 ② 2개 ③ 3개 ④ 4개

10 수력도약의 시각적 관찰과 수학적 해석방법으로부터 충격파를 다루는 데 사용하는 Froude수에 포함되지 않는 것은? [필수 중요 문제]

① 속도　② 중력가속도　③ 길이　④ 압력

11 길고 곧은 관을 통과하는 난류 흐름에서 유체에 가해지는 열전달계를 차원해석하였다. 이때, 얻어진 무차원수인 레이놀즈수(Re), 누셀수(Nu), 프란틀수(Pr), 스탠턴수(St)와의 상관관계가 옳은 것은? [2019 한국서부발전 기출 변형]

① $\mathrm{Nu}=\mathrm{Re}\times\mathrm{Pr}\times\mathrm{St}$　② $\mathrm{Re}=\mathrm{St}\times\mathrm{Pr}\times\mathrm{Nu}$
③ $\mathrm{St}=\mathrm{Re}\times\mathrm{Pr}\times\mathrm{Nu}$　④ $\mathrm{Pr}=\mathrm{Re}\times\mathrm{St}\times\mathrm{Nu}$

12 그림과 같이 지름 D, 길이 $2D$인 원형봉에 인장력 P를 작용시켰을 때 길이가 $0.2D$만큼 증가했다면, 변형 전 단면적에 대한 변형 후 단면적의 비는? [단, 푸아송비 $\nu=0.25$이고, 원형봉의 자중은 무시한다.] [기출 예상 문제]

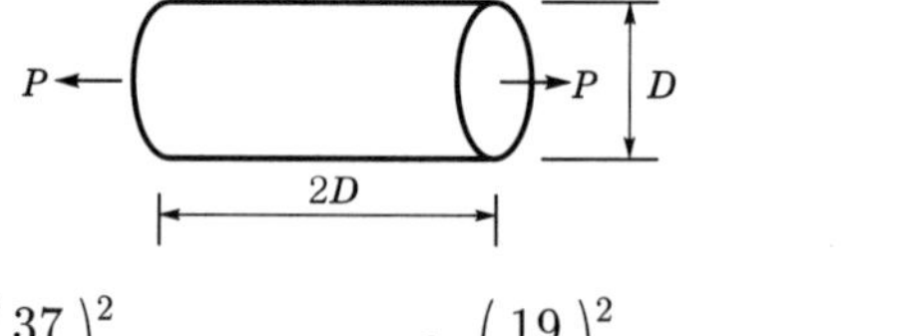

① $\left(\frac{9}{10}\right)^2$　② $\left(\frac{37}{40}\right)^2$　③ $\left(\frac{19}{20}\right)^2$　④ $\left(\frac{39}{40}\right)^2$

13 유체와 관련된 설명으로 옳지 못한 것은? [기출 예상 문제]

① 단위면적당 힘에 대한 예로는 압력과 전단응력이 있다.
② 주어진 유체의 표면장력과 단위면적당 에너지는 동일한 단위를 갖는다.
③ 유체는 아무리 작은 전단력이라도 저항하지 못하고 연속적으로 변형하는 물질이다.
④ 유체의 압력의 일종인 파스칼(Pa)의 단위는 kg/s · m과 같다.

14 이상기체 상태 방정식이 가장 잘 적용될 수 있는 조건은? [기출 예상 문제]

① 고온 고압의 상태　② 고온 저압의 상태
③ 저온 고압의 상태　④ 저온 저압의 상태

15 레이놀즈수의 물리적 의미와 그라쇼프수의 물리적 의미의 역수를 곱한 후, 그 값을 역수시키고 관성력을 곱한다. 최종 값과 관련된 것은? [필수 중요 문제]

① 파스칼의 법칙
② 아르키데메스의 원리
③ 베르누이 방정식
④ 연속 방정식

16 전동장치 중에서 축간거리를 가장 길게 할 수 있는 것은? [다수 공기업 기출]

① 체인전동장치
② 벨트전동장치
③ 로프전동장치
④ 기어전동장치

17 중실축에서 동일한 비틀림 모멘트를 작용시킬 때, 지름이 2배가 증가하면 저장되는 탄성에너지는 증가하기 전 탄성에너지의 몇 배인가? [다수 공기업 기출]

① 1/2 ② 1/4 ③ 1/8 ④ 1/16

18 물체를 100N의 힘으로 2초 동안 힘과 동일한 방향으로 10m 이동하기 위해 필요한 동력(일률)[W]은? [다수 공기업 기출]

① 2,000 ② 500 ③ 50 ④ 20

19 벨트 전동장치의 전달동력에 대한 설명으로 옳지 않은 것은? [기출 예상 문제]

① 마찰계수가 클수록 큰 동력을 전달할 수 있다.
② 유효장력이 클수록 전달동력이 커진다.
③ 벨트의 속도가 커질수록 전달동력은 작아진다.
④ 접촉각이 클수록 전달동력이 커진다.

20 체인 동력전달 장치에서 전달동력이 일정할 때, 체인장력(T)이 $2T$로 변경되면 체인의 평균 속도는 변경 전의 몇 배가 되는가? [필수 중요 문제]

① 0.25 ② 0.5 ③ 2 ④ 4

21 압축원통 코일스프링에서 유효감김수(N)를 $2N$으로 변경하고, 동시에 횡탄성계수(G)가 $2G$인 스프링 소재로 변경하여 사용한다면 동일한 축하중에 대하여 변형량은 변경 전의 몇 배가 되는가? [다수 공기업 기출]

① 1 ② 2 ③ 4 ④ 8

3회 실전 모의고사

22 축이음 중 두 축이 어떤 각도로 교차하면서 그 각이 다소 변화하더라도 자유롭게 운동을 전달할 수 있는 기계요소는? [다수 공기업 기출]

① 플랜지 커플링 ② 맞물림 클러치
③ 올덤 커플링 ④ 유니버설 조인트

23 좀머펠트 수(Sommerfeld number)에 대한 설명으로 옳은 것은? [필수 중요 문제]

① 베어링을 지지할 수 있는 하중을 말하며 차원이 있다.
② 틈새비의 역수의 제곱에 비례한다.
③ 베어링 정(계)수에 비례한다.
④ 설계시 좀머펠트 수가 같다면 같은 베어링으로 간주한다.

24 표준시편을 인장시험하여 얻는 응력-변형률 곡선에서 알 수 있는 재료상수가 아닌 것은? [다수 공기업 기출]

① proof stress(내력)
② Young's modulus(영계수, 영률, 탄성계수)
③ ultimate strength(극한강도, 인장강도)
④ Poisson's ratio(푸아송비)

25 고속하중의 기어에서 치면압력이 높아져 잇면 사이의 유막이 파괴되고 금속끼리 접촉하여 표면의 순간 온도가 상승해 눌어붙는 현상은? [다수 공기업 기출]

① 스코링(scoring) ② 피팅(pitting)
③ 언더컷(undercut) ④ 간섭(interference)

26 카르노사이클로 작동되는 효율이 28%인 기관이 고온체에서 100kJ의 열을 받아들일 때, 방출열량은 몇 kJ인가? [다수 공기업 기출]

① 17 ② 28 ③ 44 ④ 72

27 압력 90kPa에서 공기 1L의 질량이 1g이였다면 이때의 온도[k]는? [단, 기체상수(R)은 0.287kJ/kg · K이며 공기는 이상기체이다.] [다수 공기업 기출]

① 273.7 ② 313.5 ③ 430.2 ④ 446.3

28 산소를 일정 체적하에서 온도를 27°C도로부터 −3°C로 강하시켰을 경우 산소의 엔트로피(kJ/kg · K)의 변화는 약 얼마인가? [단, 산소의 정적비열은 0.654kJ/kg · K이고, $\ln 0.9 = -0.11$] [다수 공기업 기출]

① −0.07 ② −0.14 ③ −0.21 ④ −0.28

29 1kg의 공기가 일정온도 200°C에서 팽창하여 처음 체적의 6배가 되었다. 전달된 열량(kJ)은 얼마인가? [단, 공기의 기체상수는 0.287kJ/kg · K이고, $\ln 6 = 1.8$] [다수 공기업 기출]

① 244 ② 321 ③ 413 ④ 523

30 다음 [ ] 안에 들어갈 내용을 순서대로 옳게 나열한 보기는? [필수 중요 문제]

잠열은 물체의 [ ] 변화는 일으키지 않고, [ ] 변화만을 일으키는 데 필요한 열량이며, 표준대기압하에서 물 1kg의 증발잠열은 [ ]kcal/kg이고, 얼음 1kg의 융해잠열은 [ ]kcal/kg이다.

① 상(phase), 온도, 539, 80
② 체적, 상(phase), 739, 90
③ 비열, 상(phase), 439, 90
④ 온도, 상(phase), 539, 80

31 과열증기에 대한 설명으로 옳은 것은? [필수 중요 문제]

① 건포화증기를 가열하여 압력과 온도를 상승시킨 증기이다.
② 건포화증기를 온도의 변동 없이 압력을 상승시킨 증기이다.
③ 건포화증기를 압축하여 온도와 압력을 상승시킨 증기이다.
④ 건포화증기를 가열하여 압력의 변동 없이 온도를 상승시킨 증기이다.

32 카르노사이클(Carnot cycle)의 단점으로 옳은 것은 모두 몇 개인가? [출제 예상 문제]

• 건조증기 구역에서 보일러를 작동하는 것이 불가능하다. • 액적(작은 액체방울)이 터빈 날개를 손상시킨다. • 터빈의 수명이 단축된다. • 습증기를 효율적으로 압축하는 펌프(Pump)의 제작이 어렵다.

① 1개 ② 2개 ③ 3개 ④ 4개

33 다음 중 유도단위로 옳지 않은 것은? [출제 예상 문제]

① m/s ② J ③ K ④ N

34 평균응력이 240MPa이고 응력비(R)이 0.2이다. 이때, 최대응력과 최소응력은 각각 얼마인가? [다수 공기업 기출]

① 80, 400　② 400, 80　③ 300, 180　④ 180, 300

35 다음 중 윤활유의 역할로 옳지 못한 것은? [다수 공기업 기출]

① 냉각 작용　② 밀봉 작용　③ 응력 분산 작용　④ 보온 작용

36 종탄성계수 $E = 260\text{GPa}$, 횡탄성계수 $G = 100\text{GPa}$인 재료의 푸아송비는? [다수 공기업 기출]

① 0.2　② 0.25　③ 0.3　④ 0.35

37 평벨트 전동에서 벨트의 속도가 7.5m/s, 이완측 장력이 30kg, 전달동력이 4PS라면 긴장측 장력은? [다수 공기업 기출]

① 70kg　② 75kg　③ 80kg　④ 85kg

38 다음 축이음 중에서 두축 거리가 가깝고 중심선의 일치하지 않을 때, 각속도의 변화 없이 회전동력 전달에 적합한 방법은? [다수 공기업 기출]

① 유연성 커플링(flexible coupling)　② 올덤 커플링(oldham coupling)
③ 유니버설 커플링(universal coupling)　④ 맞물림 클러치(claw clutch)

39 다음 중 응력과 변형률에 대한 설명으로 옳지 않은 것은? [다수 공기업 기출]

① 푸아송비는 가로변형률과 세로변형률과의 비이다.
② 전단응력과 전단변형률 사이에는 후크의 법칙이 성립한다.
③ 가열끼움은 열응력을 이용한 대표적 방식이다.
④ 일반적으로 철의 푸아송비는 납의 푸아송비보다 크다.

40 다음 중 베어링에 대한 설명으로 옳지 않은 것은? [다수 공기업 기출]

① 롤링 베어링은 구조상 윤활유 소비가 적다.
② 실링(sealing)으로 윤활유의 유출방지와 유해물 침입을 방지한다.
③ 오일리스 베어링은 주유가 곤란한 부분에 사용된다.
④ 스러스트 베어링은 축 반경방향으로 하중이 작용할 때 사용한다.

3회 실전 모의고사 정답 및 해설

01	③	02	②	03	①	04	②	05	③	06	④	07	③	08	③	09	③	10	④
11	①	12	④	13	④	14	②	15	②	16	③	17	④	18	②	19	③	20	②
21	①	22	④	23	②③④	24	④	25	①	26	④	27	②	28	①	29	①	30	④
31	④	32	④	33	③	34	②	35	④	36	③	37	①	38	②	39	④	40	④

01

정답 ③

- 기체의 점성은 온도가 증가함에 따라 증가한다(기체는 온도가 증가하면 분자의 운동이 활발해지고 이에 따라 분자끼리의 충돌에 의해 운동량을 교환하기 때문에 점성이 증가한다).
- 액체의 점성은 온도가 증가함에 따라 감소한다(액체는 온도가 증가하면 응집력이 감소하여 점성이 감소한다).
- 점성계수의 단위는 $N \cdot s/m^2$ 또는 $Pa \cdot s$이다.
- 동점성계수는 점성계수를 밀도로 나눈 값이며, 단위는 cm^2/s이다.
- 동점성계수$(\nu) = \frac{\mu}{\rho}$

  $1poise = 0.1N \cdot s/m^2$ [점성계수 단위], $1stokes = 1cm^2/s$ [동점성계수 단위]

참고 푸아즈(poise)의 환산 단위: $dyne \cdot s/cm^2$

■ 뉴턴의 점성법칙

뉴턴의 점성법칙에 따라 전단응력$(\tau) = \mu \cdot \left(\frac{du}{dy}\right)$이다. 점도 μ가 증가할수록 전단응력도 비례해서 증가함을 알 수 있다. [단, $\frac{du}{dy}$는 속도구배를 나타낸다]

02

정답 ②

전자기파 전파에 의한 열전달 현상인 열복사의 파장 범위: $0.1 \sim 100\mu m$

03

정답 ①

[레이놀즈수]

$$Re = \frac{\rho Vd}{\mu}$$

층류와 난류를 구분해주는 척도로 물리적인 의미는 "관성력/점성력"이며 무차원수이다. 레이놀즈수는 무차원수이기 때문에 단위를 SI에서 영국단위계로 변환하여도 전체 값인 레이놀즈수는 변함이 없을 것이다.

04

정답 ②

레이놀즈수($Re = \dfrac{\rho Vd}{\mu}$): 층류와 난류를 구분해주는 척도로 물리적인 의미는 "관성력/점성력"이며 무차원수이다.

ㄱ. 관성력에 비해 점성력이 커지면 레이놀즈수가 감소한다.

ㄴ. 점도가 감도할수록 위 정의에 따라 레이놀즈수는 증가한다.

ㄷ. 난류에서 층류로 전이가 일어나면 레이놀즈수는 감소한다(아래 수치 참조).

- **평판의 임계레이놀즈**: 500,000(50만) [단, 관 입구에서 경계층에 대한 임계레이놀즈: 600,000]
- **개수로 임계레이놀즈**: 500
- **상임계 레이놀즈수(층류에서 난류로 변할 때)**: 4,000
- **하임계 레이놀즈수(난류에서 층류로 변할 때)**: 2,000~2,100
- **층류는** $Re < 2{,}000$, **천이구간은** $2{,}000 < Re < 4{,}000$, **난류는** $Re > 4{,}000$
  일반적으로 임계레이놀즈라고 하면, **하임계 레이놀즈수**를 말한다.

05

정답 ③

[Hagen–Poiseuille식]

체적유량(Q, 부피유량) $= \dfrac{\Delta P\pi d^4}{128\mu l}$ [하겐-푸아죄유 방정식] ⋯ 층류일 때만 가능하다.

[여기서, ΔP: 압력강하, μ: 점도, l: 관의 길이, d: 관의 지름]

→ 조건에서 점도와 단위길이당 압력강하가 일정하므로 부피유량(Q)은 오로지 d^4에 비례한다는 것을 알 수 있다. 여기서 관의 반지름이 2배로 커지면 관의 지름도 2배로 커진다. 즉, 부피유량(Q)은 2^4에 비례하므로 16배 증가하게 된다.

06

정답 ④

- **전도**: 푸리에 법칙
- **복사**: 스테판 볼츠만 법칙
- **대류**: 뉴턴의 냉각 법칙

07

정답 ③

헬리서트(heli sert): 마모된 암나사를 재생하거나 강도가 불충분한 재료의 나사 체결력을 강화시키는 데 사용되는 기계요소

08

정답 ③

[어떤 조건도 없을 때]

- 열효율 비교: 가솔린기관 26~28%, 디젤기관 33~38%
- 압축비 비교: 가솔린기관 6~9, 디젤기관 12~22

[조건이 있을 때]

- 압축비 및 가열량이 동일할 때: 오토사이클 > 사바테사이클 > 디젤사이클
- 최고압력 및 가열량이 동일할 때: 디젤사이클 > 사바테사이클 > 오토사이클

09

정답 ③

[전도]

$Q = KA\dfrac{dT}{dx}$ (여기서, dT: 온도차, dx:두께)

- 면적(A)를 증가시키면 열전달량(Q)가 증가, 즉 열전달속도가 빨라진다.
- 온도차 dT를 작게 하면 열전달량(Q)이 감소, 즉 열전달속도가 느려진다.
- 열전도도 K를 크게 하면 열전달량(Q)이 증가, 즉 열전달속도가 빨라진다.
- 벽면의 두께를 감소시키면 열전달량(Q)이 증가, 즉 열전달속도가 빨라진다.

10

정답 ④

Froude수 $F_r = \dfrac{V}{\sqrt{Lg}} = \dfrac{\text{관성력}}{\text{중력}}$ [여기서, V: 속도, L: 길이, g: 중력가속도]

적용범위: 자유표면을 갖는 유동(댐), 개수로 수면위배 조파저항 등

11

정답 ①

누셀수(Nu, Nusselt number)는 물체 표면에서 대류와 전도 열전달의 비율로 다음과 같이 나타낼 수 있다.

- $N = \dfrac{\text{대류 열전달}}{\text{전도 열전달}} = \dfrac{hL}{k}$ [여기서, h: 대류 열전달계수, L: 길이, k: 전도 열전달계수]
- 누셀수(Nu)는 **스탠턴수(St)×레이놀즈수(Re)×프란틀수(Pr)**로 나타낼 수 있으며, 스탠턴수가 생략되어도, 즉 **레이놀즈수×프란틀수**만으로 누셀수를 표현하여 해석하는 데 큰 무리가 없다.

12

정답 ④

$$\nu = \frac{\epsilon_{\text{가로}}}{\epsilon_{\text{세로}}} = \frac{\dfrac{\mathcal{L}}{d}}{\dfrac{\lambda}{L}} = \frac{L\mathcal{L}}{d\lambda}$$

$$\rightarrow 0.25 = \frac{2D\mathcal{L}}{D(0.2D)} \quad \therefore \mathcal{L}\ (\text{지름변형량}) = \frac{1}{40}D$$

인장하중을 가했으므로 길이는 늘어나고 지름은 줄어든다.

$$\frac{A_{변형\ 후}}{A_{변형\ 전}} = \frac{\frac{1}{4}\pi\left(D - \frac{1}{40}D\right)^2}{\frac{1}{4}\pi(D)^2} = \frac{\frac{1}{4}\pi\left(\frac{39}{40}\right)^2 D^2}{\frac{1}{4}\pi D^2} = \left(\frac{39}{40}\right)^2$$

13

정답 ④

① 단위면적당 힘을 단위로 표현하면 N/m^2이므로 압력과 응력이 있다.

② 표면장력의 단위는 N/m이다. 단위면적당 에너지의 단위는 $J/m^2 = Nm/m^2 = N/m$가 된다. 즉, 표면장력의 단위와 같음을 알 수 있다.

③ 유체의 기본 정의는 아무리 작은 전단력이라도 저항하지 못하고 연속적으로 변형하는 물질이다.

④ 파스칼(Pa)의 단위는 N/m^2이다. 이를 변환하면 다음과 같다.

$N/m^2 = kg(m/s^2)/m^2 = kg/m(s^2)$이 된다. [단, $F = ma$이므로 힘(N) = 질량(kg) · 가속도(m/s^2)]

14

정답 ②

[이상기체 상태 방정식 조건]

- 압력과 분자량이 작을 것
- 체적과 온도가 높을 것
- 분자 간 인력이 작용하지 않을 것
- 기체 분자 간 충돌 및 분자와 용기 벽과의 충돌은 완전탄성충돌일 것

15

정답 ②

- 레이놀즈수의 물리적 의미: $\frac{관성력}{점성력}$
- 그라쇼프수의 물리적 의미: $\frac{부력}{점성력}$
- 그라쇼프수의 물리적 의미의 역수: $\frac{점성력}{부력}$

즉, 문제의 조건에 따라 곱하면 $\frac{관성력}{점성력} \times \frac{점성력}{부력} = \frac{관성력}{부력}$이 되고 이 값을 역수시키면 $\frac{부력}{관성력}$이 된다. 여기에 관성력을 마지막으로 곱하면 "부력"이 된다. 이 부력과 가장 관련이 깊은 것은 아르키메데스의 원리이다.

[부력]

- 부력은 아르키메데스의 원리이다. 물체가 밀어낸 부피만큼의 액체 무게라고 정의된다.
- 어떤 물체에 가해지는 부력은 그 물체가 대체한 유체의 무게와 같다.
- 어떤 물체가 유체 안에 있으면, 물체가 잠긴 부피만큼의 유체의 무게가 부력과 같다.

- 부력은 중력과 반대방향으로 작용(수직상방향의 힘)한다.
- 부력은 결국 대체된 유체의 무게와 같다.
- 어떤 물체가 물 위에 일부만 잠긴 채 떠 있는 상태라면 그 상태를 중성부력(부력=중력) 상태라고 한다. 따라서 일부만 잠긴 채 떠 있는 상태일 때에는 물체의 무게(Mg)와 부력의 크기는 동일하며 서로 방향만 반대이다.
- 부력이 생기는 이유는 유체의 압력차 때문에 생긴다. 구체적으로, 유체에 의한 압력은 $P=\gamma h$에 따라 깊이가 깊어질수록 커지게 된다. 즉, 한 물체가 물속에 있다면 상대적으로 깊은 부분과 얕은 부분(윗면과 아랫면)이 생긴다. 따라서 더 깊이 있는 부분이 더 큰 압력을 받아 위로 향하는 힘, 즉 부력이 생기게 된다.

■ 부력 $= \gamma_{액체} V_{잠긴\ 부피}$

■ 공기 중에서의 물체 무게 = 부력 + 액체 중에서의 물체 무게

16

정답 ③

로프전동장치는 축간거리를 매우 길게 하여 전동(동력을 전달)할 수 있다.
- 와이어로프의 축간거리 50~100m
- 섬유질로프의 축간거리 10~30m

참고
- 평벨트: 축간거리 10m 이하에 사용
- V벨트: 축간거리 5m 이하에 사용

17

정답 ④

탄성에너지$(U) = \frac{1}{2} T\theta$

비틀림각은 $\theta = \frac{Tl}{GI_p}$[rad]이고 $I_p = \frac{\pi d^4}{32}$이므로 탄성에너지는 $1/d^4$에 비례함을 알 수 있다.

즉, 지름 d가 2배가 되면 탄성에너지는 $1/16$배가 된다.

18

정답 ②

동력은 기본적으로 단위시간당 얼마의 일을 했는지를 나타내는 수치이다.
동력(P) =일(W) ÷ 시간(t)이고 일(W)은 힘(F) × 거리(S)이므로 동력(P) =힘(F) × 거리(S) ÷ 시간(t)으로 구할 수 있다. 거리(S) ÷ 시간(t)은 속도(V)이므로 동력(P)은 힘(F) × 속도(V)로 구할 수도 있다.

→ 동력$(P) = \frac{100 \times 10}{2} = 500\text{J/s} = 500\text{W}$

19

정답 ③

[벨트전동장치의 전달동력]

$$P[\text{kW}] = \frac{\mu Te\, V}{1,000}$$

① 마찰계수가 클수록 전달동력은 크다.

② 유효장력(Te)가 클수록 전달동력은 크다.

③ 벨트의 속도가 클수록 전달동력은 크다.

④ 접촉각이 클수록 접촉되는 면적이 커져 마찰이 증가함으로 전달동력이 크다.

20

정답 ②

[체인의 전달동력]

$$P[\text{kW}] = \frac{TV}{1,000}$$

전달동력이 일정한 상태에서 체인장력(T)가 2배가 되면 속도는 0.5배가 된다.

21

정답 ①

[코일스프링의 처짐량]

$$\delta = \frac{8PD^3n}{Gd^4}$$

유효감김수(n)를 2배로 그리고 횡탄성계수(G)를 2배로 하면 처짐량은 위 식에 의거하여 1배임을 알 수 있다.

22

정답 ④

유니버셜 조인트(훅조인트, 유니버셜 커플링, 자재이음): 축이음 중 두 축이 어떤 각도로 교차하면서 그 각이 다소 변화하더라도 자유롭게 운동을 전달할 수 있는 기계요소

23

정답 ②,③,④

좀머펠트수는 차원이 없는 무차원수이다.

[좀머펠트 수]

좀머펠트 수 $S = \left(\frac{r}{\delta}\right)^2 \left(\frac{\eta N}{p}\right)$ [여기서, δ: 틈새비, η: 베어링 정수(계수)]

좀머펠트 수가 같다면 같은 베어링으로 간주한다.

24

정답 ④

응력-변형률 선도에서 알 수 없는 값: 안전율, 푸아송비, 경도

25

정답 ①

스코링: 고속하중의 기어에서 치면압력이 높아져 잇면 사이의 유막이 파괴되고 금속끼리 접촉하여 표면의 순간 온도가 상승해 눌어붙는 현상

26

정답 ④

[카르노사이클의 열효율]

$\eta = 1 - \frac{T_2}{T_1} = 1 - \frac{Q_2}{Q_1}$

[여기서, T_1: 고열원의 온도, T_2: 저열원의 온도, Q_1: 고온체로부터 공급되는 열량, Q_2: 저온체로 방출되는 열량]

$\rightarrow \eta = 1 - \frac{Q_2}{Q_1} \rightarrow 0.28 = 1 - \frac{Q_2}{100\text{kJ}}$

$\therefore Q_2 = 72\text{kJ}$

27

정답 ②

이상기체 상태 방정식($PV = mRT$)을 활용하면 된다. [단, $1\text{L} = 0.001\text{m}^3$]

$PV = mRT \rightarrow 90\text{kPa} \times 0.001\text{m}^3 = 0.001\text{kg} \times 0.287\text{kJ/kg} \cdot \text{K} \times T$

$\therefore T = 313.5\text{K}$

28

정답 ①

$$\Delta S = C_v \ln\left(\frac{T_2}{T_1}\right) = 0.654\text{kJ/kg} \cdot \text{K} \times \ln\left(\frac{-3+273}{27+273}\right) = 0.654\text{kJ/kg} \cdot \text{K} \times \ln\left(\frac{270}{300}\right)$$

$$= 0.654\text{kJ/kg} \cdot \text{K} \times \ln(0.9) = 0.654\text{kJ/kg} \cdot \text{K} \times -0.11 = -0.07194\text{kJ/kg} \cdot \text{K}$$

29

정답 ①

열역학 계산 문제를 풀 때에는 항상 문제의 조건을 확인하는 습관을 가져야 한다. 문제의 조건이라는 것은 "단열, 정압, 정적, 등온" 등을 말한다.
위 문제에서는 **일정온도(등온)**이라는 조건이 있으므로
전달된 열량(Q) = 절대일($_1W_2$) = 공업일(W_t)인 것을 알 수 있다.

$$\rightarrow \text{절대일}(_1W_2)=P_1V_1\ln\left(\frac{P_1}{P_2}\right)=P_1V_1\ln\left(\frac{V_2}{V_1}\right)=mRT\ln\left(\frac{P_1}{P_2}\right)=mRT\ln\left(\frac{V_2}{V_1}\right)$$

$$=1\text{kg}\times0.287\text{KJ/kg}\cdot\text{K}\times200+273\text{K})\times\ln\left(\frac{6V_1}{V_1}\right)$$

$$=1\text{kg}\times0.287\text{kJ/kg}\cdot\text{k}\times473\text{K}\times\ln(6)$$

$$=1\text{kg}\times0.287\text{kJ/kg}\cdot\text{K}\times473\text{K}\times1.8=244.35\text{kJ}$$

등온 조건이므로 구해진 절대일 244.35kJ의 값이 바로 전달된 열량(Q)이다.

30

정답 ④

- **비열**: 어떤 물질 1g 또는 1kg을 1°C 높이는 데 필요한 열량
- **현열**: 물체의 온도가 가열, 냉각에 따라 변화하는 데 필요한 열량, 즉 상변화는 일으키지 않고 오로지 온도변화에만 쓰이는 열
- **잠열**: 물체의 온도 변화는 일으키지 않고 오로지 상변화만 일으키는 데 필요한 열량
  (100°C의 물 1kg을 100°C의 증기로 상변화시키는 데 필요한 증발잠열: 539kcal)
  (0°C의 얼음 1kg이 0°C의 물로 상변화될 때 필요한 융해잠열: 80kcal)

31

정답 ④

과열증기는 건포화증기를 가열하여 온도만을 더욱 상승시킨 증기이다(압력은 그대로).

32

정답 ④

- 고온 열원의 온도 T_1이 일정하여 건조증기 구역에서 보일러를 작동하는 것이 불가능하다.
- 물-증기 2상의 혼합물에서 작동하여 액적(작은 액체방울)이 터빈 날개를 손상시킴으로써 터빈의 수명이 단축된다.
- 습증기를 효율적으로 압축하는 펌프(Pump)의 제작이 어렵다.

33

정답 ③

[기본단위(base unit)]

기본단위는 물리량을 측정할 때 가장 기본이 되는 단위이다. 기본단위는 총 7가지가 있다.

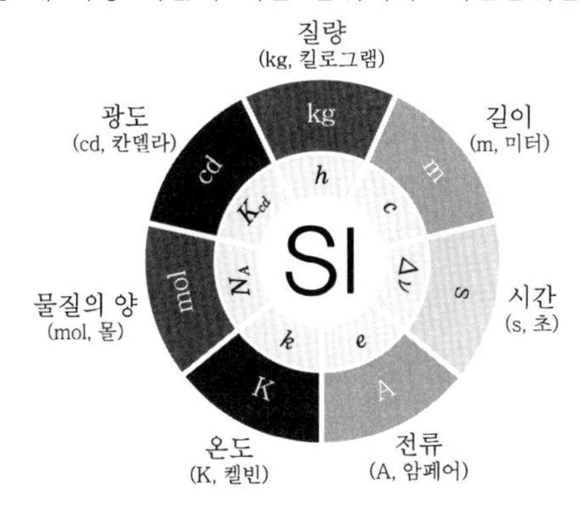

- 국제기본단위로 미터(m), 킬로그램(kg), 초(s), 암페어(A), 몰(mol), 칸델라(cd), 켈빈(K), 길이(m), 질량(kg), 시간(s), 전류(A), 물질의 양(mol), 광도(cd), 온도(K)

[유도단위(derived unit)]

기본단위에서 유도된 물리량을 나타내는 단위이다. 즉, 기본단위의 곱셈과 나눗셈으로 이루어진다.

- 기본단위를 조합하면 무수히 많은 유도단위를 만들 수 있다.
- J은 N · m이다. [단, N은 kg · m/s^2이므로 J은 kg · m^2/s^2으로 표현될 수 있다] 즉, J은 기본단위인 kg, m, s에서부터 유도된 유도단위라는 것을 알 수 있다.
- N은 kg · m/s^2이므로 기본단위인 kg, m, s에서부터 유도된 유도단위라는 것을 알 수 있다.

34

정답 ②

응력비(R): 피로시험에서 하중의 한 주기에서의 최소응력과 최대응력 사이의 비율로 (최소응력/최대응력)으로 구할 수 있다.

응력진폭(σ_a)	평균응력(σ_m)	응력비(R)
$\sigma_a=\dfrac{\sigma_{max}-\sigma_{min}}{2}$	$\sigma_m=\dfrac{\sigma_{max}+\sigma_{min}}{2}$	$R=\dfrac{\sigma_{min}}{\sigma_{max}}$
σ_{max}: 최대응력, σ_{min}: 최소응력		

→ 평균응력(σ_m)이 240MPa이므로 $240=\dfrac{\sigma_{max}+\sigma_{min}}{2}$가 된다. 즉, $\sigma_{max}+\sigma_{min}=480$이다.

→ 응력비(R)이 0.2이므로 $0.2=\dfrac{\sigma_{min}}{\sigma_{max}}$가 된다. 즉, $\sigma_{min}=0.2\sigma_{max}$의 관계가 도출된다.

→ $\sigma_{max}+\sigma_{min}=480$, $\sigma_{min}=0.2\sigma_{max}$을 연립하면 $\sigma_{max}+0.2\sigma_{max}=480$이다.

→ $1.2\sigma_{max}=480$이므로 $\sigma_{max}=400$이고, $\sigma_{min}=80$이다.

35

정답 ④

윤활유의 역할: 마찰저감, 냉각, 응력분산, 밀봉, 방청, 세정, 응착방지

36

정답 ③

종탄성계수(E, 세로탄성계수, 영률), 횡탄성계수(G, 전단탄성계수), 체적탄성계수(K)의 관계식

$mE=2G(m+1)=3K(m-2)$ [단, m : 푸아송수]

푸아송수(m)과 푸아송비(ν)는 서로 역수의 관계를 갖기 때문에 위 식이 아래처럼 변환된다.

$E=2G(1+\nu)=3K(1-2\nu)$ [단, ν: 푸아송비]

→ $E=2G(1+\nu)$ [단, ν: 푸아송비]

→ $260=2(100)(1+\nu)$ $\therefore \nu=0.3$

37

정답 ①

1kW = 1.36PS이므로 전달동력 4PS = 2.94kW이다.

전달동력(H) = $T_e V$ [여기서, T_e: 유효장력]이고, $T_e=T_t$ (긴장측 장력)$-T_s$(이완측 장력)이다.

전달동력(H)=$T_e V$ → 2,940W = $T_e \times 7.5$ $\therefore T_e=392\text{N}$

이완측 장력(T_s) = 30kg = 294N이다.

[단, 힘의 단위일 때 1kgf = 1kg = 9.8N]

$T_e=T_t-T_s$ → $392\text{N}=T_t-294\text{N}$

$\therefore T_t=686\text{N}=70\text{kgf}=70\text{kg}$

38

정답 ②

올덤커플링(oldham coupling): 두 축의 거리가 가깝고 중심선이 일치하지 않을 때 각속도의 변화 없이 회전동력을 전달할 때 사용하는 커플링이다.

★ "올덤커플링은 동력의 변화없이 각속도를 전달하고자 할 때 사용하는 커플링이다."

↑ 위의 보기처럼 출제되면 틀린 보기이다. 실제로 2019년 서울주택도시공사(SH)에서 위의 보기처럼 출제되었으니 참고바란다.

39

정답 ④

- 푸아송비(ν)=$\dfrac{\text{가로변형률}}{\text{세로변형률}}$=세로변형률에 대한 가로변형률의 비이다.
- 응력집중은 단면적이 급하게 변하는 부분, 모서리 부분, 구멍 부분 등에서 응력이 집중되는 현상이다. 응력집중계수(α)=$\dfrac{\text{노치부의 최대응력}}{\text{단면부의 평균응력}}$이다.

• 후크의 법칙은 비례한도 내에서 응력(σ)과 변형률(ε)이 비례하는 법칙이다. 즉, $\sigma = E\varepsilon$가 되며 E는 탄성계수이다. 마찬가지로 $\tau = G\gamma$에도 적용되므로 맞는 보기이다. [단, τ: 전단응력, G: 횡탄성계수(전단탄성계수), γ: 전단변형률]
• 가열끼움은 열응력을 이용한 대표적인 방법이다.
• 여러 금속의 푸아송비

코르크	유리	콘크리트
0	0.18~0.3	0.1~0.2
강철(Steel)	알루미늄	구리
0.28	0.32	0.33
티타늄	금	고무
0.27~0.34	0.42~0.44	0.5

↑ 위 표의 수치는 반드시 암기해야 한다. 공기업 및 공무원에서 자주 출제되는 내용이기 때문이다.

40

정답 ④

[스러스트 베어링]
• 축 방향으로 하중이 작용할 때 사용하는 베어링이다.
• 축 방향으로 작용하는 하중을 지지해주는 베어링이다.

[레이디얼 베어링]
• 축 반경방향으로 하중이 작용할 때 사용하는 베어링이다.
• 축 반경방향으로 작용하는 하중을 지지해주는 베어링이다.

4회 실전 모의고사

1문제당 2.5점 / 점수 [ ]점

→ 정답 및 해설: p.114

01 벨트설계 시 고려해야 하는 사항에 대한 설명으로 가장 옳은 것은? [필수 중요 문제]

① 벨트를 풀리에 거는 방법 중 바로걸기에서 큰 풀리의 접촉각과 작은 풀리의 접촉각 모두 180° 보다 크다.
② 접촉각을 증가시키기 위하여 사용하는 중간풀리는 벨트의 장력을 증가시키는 역할도 하므로 긴장풀리 라고도 한다.
③ 벨트를 풀리에 거는 방법 중 엇걸기에서 큰 풀리의 접촉각은 180° 보다 크고, 작은 풀리의 접촉각은 180° 보다 작다.
④ 원동풀리의 동력을 벨트를 사용하여 정지 상태의 종동 풀리로 전달하려면 초기에 큰 장력이 필요하며, 이를 유효장력이라 한다.

02 다음 중 마찰력에 의해 구동되는 전동장치만으로 묶인 것은? [필수 중요 문제]

① 벨트, 기어, 로프 ② 체인, 마찰차, 벨트
③ 벨트, 로프, 마찰차 ④ 로프, 체인, 벨트

03 기밀을 더욱 완전하게 하기 위해 강판과 같은 두께의 공구로 때려서 리벳과 판재의 안쪽 면을 완전히 밀착시키는 것은? [다수 공기업 기출]

① 코킹 ② 리벳팅 ③ 플러링 ④ 클레코

04 아래 보기의 설명과 관계가 있는 것은? [다수 공기업 기출]

회전축에 발생하는 진동의 주기는 축의 회전수에 따라 변한다. 이 진동수와 축 자체의 고유진동수가 일치하게 되면 공진을 일으켜 축이 파괴되는 현상과 관계가 있다.

① 축의 강성 ② 축의 열응력
③ 축의 최대인장강도 ④ 축의 위험속도

05 철사를 여러 번 구부렸다 폈다 반복했을 때 철사가 끊어지는 현상과 관계있는 것은?

[다수 공기업 기출]

① 시효경화 ② 고용경화 ③ 가공경화 ④ 인공시효

06 터빈, 압축기, 노즐 등과 같은 정상유동장치의 유동해석에 사용되는 몰리에르 선도에서 가로축과 세로축이 나타내는 것은?

[다수 공기업 기출]

① 가로축: 엔트로피, 세로축: 압력
② 가로축: 엔트로피, 세로축: 엔탈피
③ 가로축: 엔탈피, 세로축: 엔트로피
④ 가로축: 부피, 세로축: 압력

07 카르노 냉동기 사이클과 카르노 열펌프 사이클에서 최고온도와 최저온도가 서로 같다. 이때, 카르노 냉동기의 성적계수를 A라고 하고, 카르노 열펌프의 성적계수를 B라고 할 때, 옳은 것은?

[다수 공기업 기출]

① $A+B=1$ ② $A+B=0$ ③ $A-B=1$ ④ $B-A=1$

08 어떤 기체 1kg이 압력 50kPa, 체적 $2.0m^3$의 상태에서 압력 1,000kPa, 체적 $0.2m^3$의 상태로 변화하였다. 이때, 내부에너지의 변화가 없다고 가정한다면 엔탈피의 변화는 어떻게 되는가?

[다수 공기업 기출]

① 57kJ ② 79kJ ③ 91kJ ④ 100kJ

09 안장키에 대한 설명으로 옳은 것은?

[필수 중요 문제]

① 임의의 축 위치에 키를 설치할 수 없다.
② 중심각이 120°인 위치에 2개의 키를 설치한다.
③ 중심각이 90°인 위치에 2개의 키를 설치한다.
④ 마찰력만으로 회전력을 전달시키므로 큰 토크의 전달에는 부적합하다.

10 열역학과 관련된 설명 중 옳지 못한 것은?

[필수 중요 문제]

① 내부에너지는 시스템의 질량에 비례하므로 종량적 상태량이다.
② 단위질량당 물질의 온도를 1°C 올리는 데 필요한 열량을 열용량이라고 한다.
③ 정압과정으로 시스템에 전달된 열량은 엔트로피 변화량과 같다.
④ 강도성 상태량의 종류에는 압력, 온도, 비체적, 밀도가 있다.

11 화력발전소에서 증기나 급수가 흐르는 순서로 옳은 것은? [출제 예상 문제]

① 보일러 → 절탄기 → 과열기 → 터빈 → 복수기
② 절탄기 → 보일러 → 과열기 → 터빈 → 복수기
③ 보일러 → 과열기 → 절탄기 → 터빈 → 복수기
④ 절탄기 → 과열기 → 보일러 → 터빈 → 복수기

12 부력에 대한 설명으로 옳지 못한 것은? [다수 공기업 기출 유형]

① 부력은 파스칼의 원리와 관계가 있다.
② 부력의 크기는 물체의 잠긴 부피에 해당하는 물체의 무게이다.
③ 부력은 중력의 영향을 받지 않는 힘이다.
④ 어떤 물체가 물 위에 떠 있는 상태라면 그 물체에 작용하는 부력은 물체의 무게와 같다.

13 숫돌입자의 표면이나 기공에 칩이 채워져 있는 상태를 무슨 현상이라 하는가? [다수 공기업 기출 유형]

① 드레싱 ② 눈무딤 ③ 트루잉 ④ 눈메움

14 금속의 피로에 대한 설명으로 옳지 못한 것은? [필수 중요 문제]

① 표면이 거친 것이 고운 것보다 피로한도가 작다.
② 지름이 크면 피로한도는 작아진다.
③ 노치가 없을 때와 있을 때의 피로한도비를 노치계수라고 한다.
④ 노치가 있는 시험편의 피로한도는 크다.

15 압출과정에서 마찰이 너무 크거나 소재의 냉각이 심한 경우 제품 표면에 산화물이나 불순물이 중심으로 빨려 들어가 발생하는 결함은? [출제 예상 문제]

① 표면균열 ② 심결함 ③ 파이프결함 ④ 세브론균열

16 Al-Si 합금을 개량처리할 때 사용되는 것은? [필수 중요 문제]

① 마그네슘 ② 구리 ③ 나트륨 ④ 니켈

17 절삭저항에 견디지 못하고 날 끝이 탈락하는 현상은 무엇인가? [다수 공기업 기출]

① 플랭크 마모 ② 크레이터 마모 ③ 구성인선 ④ 치핑

18 플라스틱 재료의 일반적인 성질로 옳지 못한 것은? [다수 공기업 기출]

① 표면경도가 높다.
② 열에 약하다.
③ 성형성이 우수하다.
④ 대부분 전기 절연성이 좋다.

19 평벨트 전동에서 유효장력이란? [다수 공기업 기출]

① 벨트의 긴장측 장력과 이완측 장력과의 차를 말한다.
② 벨트의 긴장측 장력과 이완측 장력과의 비를 말한다.
③ 벨트의 긴장측 장력과 이완측 장력의 합을 말한다.
④ 벨트의 긴장측 장력과 이완측 장력의 평균값을 말한다.

20 전도에 대한 설명으로 옳지 못한 것은? [다수 공기업 기출]

① 고체에서의 전도 현상은 격자 내부 분자의 진동과 자유전자의 에너지 전달에 의해 발생한다.
② 기체, 액체에서의 전도 현상은 분자들이 공간에서 움직이면서 그에 따른 충돌과 확산에 의해 발생한다.
③ 고체, 액체, 기체에서 모두 발생할 수 있다.
④ 입자 간의 상호작용에 의해서 보다 에너지가 적은 입자에서 에너지가 많은 입자로 에너지가 전달되는 현상이다.

21 다음 그림은 경사면의 높이 h인 지점에 가만히 놓인 동일한 원통이 각각 구르지 않고 미끄러지는 것과 미끄러지지 않고 구르는 것을 나타낸 것이다. 경사면을 벗어나는 순간, 좌측과 우측에서 원통의 운동 에너지는 각각 A와 B이다. 그렇다면 (A/B)는 얼마인가? [단, 원통의 밀도는 균일] [출제 예상 문제]

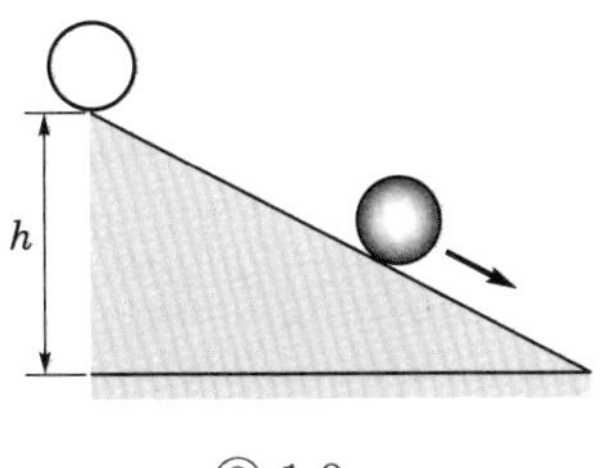

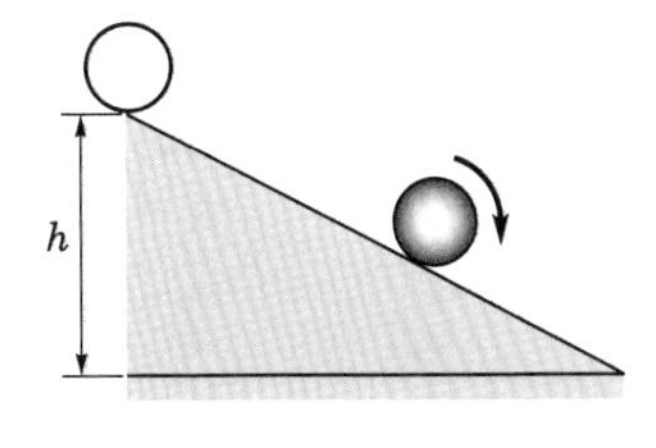

① 0.5 ② 1.0 ③ 1.5 ④ 2.5

22 20m/s의 속도로 40kW의 동력을 전달하는 평벨트 전동장치에서 긴장측의 장력은 얼마인가? [단, 긴장측의 장력은 이완측의 장력의 3배이고 원심력의 영향은 무시한다.] [다수 공기업 기출]

① 2,000N ② 2,500N ③ 3,000N
④ 3,500N ⑤ 4,000N

23 다음은 단열 용기에 담긴 90°C인 물과 0°C인 얼음을 나타낸 것이다. 물과 얼음의 질량은 같다. 얼음을 물에 넣은 후 얼음이 모두 녹아 열평형 상태가 되었을 때, 물의 온도[°C]는? [단, 얼음의 녹는점은 0°C, 얼음의 융해열은 A[J/kg], 물의 비열은 C[J/kg・°C]이다.] [출제 예상 문제]

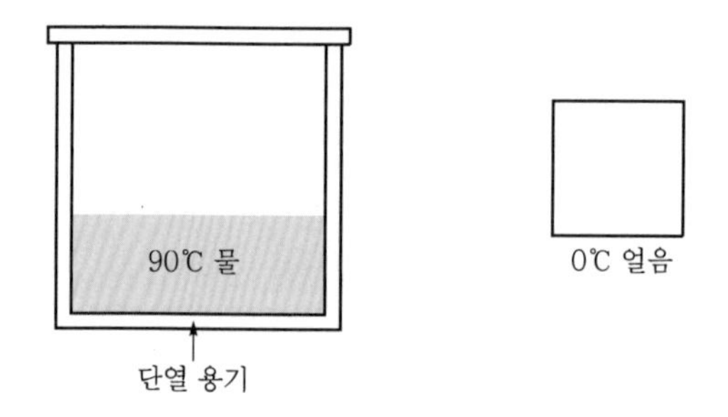

① $45+\frac{A}{2C}$ ② $45-\frac{A}{2C}$ ③ $45-\frac{A}{4C}$ ④ 45

24 다음 중 경도시험과 충격시험을 차례대로 한 가지씩 짝지은 것은? [필수 중요 문제]

① 브리넬 시험 – 아이조드 시험 ② 샤르피 시험 – 비커스 시험
③ 쇼어 시험 - 로크웰 시험 ④ 비커스 시험 – 브리넬 시험
⑤ 샤르피 시험 – 로크웰 시험

25 두께 20mm, 폭 90mm인 평판에 지름 40mm인 원형 노치가 그림과 같이 파여져 있다. 평판의 양 끝단에 30kN의 인장하중이 작용하고 있고, 구멍 부분의 응력집중계수가 2이다. 이 평판 재료의 인장 시 극한강도는 150MPa이다. 가장 취약한 부위에서의 안전계수는? [다수 공기업 기출]

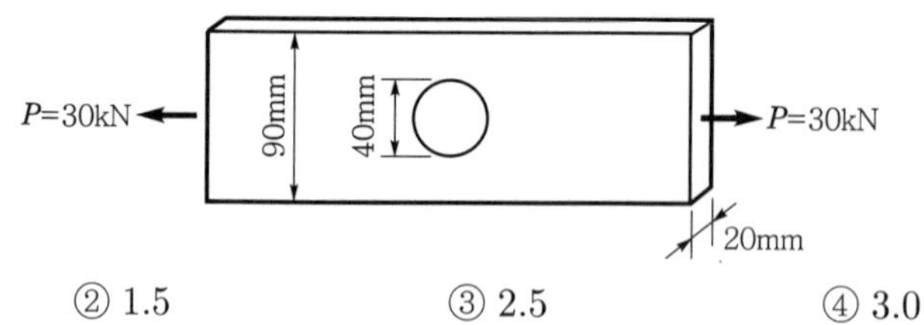

① 1.2 ② 1.5 ③ 2.5 ④ 3.0

26 다음 중 2개의 원추차 사이에 가죽 또는 강철제 링을 접촉시켜서 회전비를 변화시키는 무단변속장치는? [필수 중요 문제]

① 원판 마찰차
② 원추 마찰차
③ 크라운 마찰차
④ 에반스 마찰차

27 단판클러치에서 전달토크가 70N · m, 마찰계수가 0.35, 축 방향으로 밀어 붙이는 힘이 2kN일 때, 접촉부의 바깥 지름이 260mm이라면 안지름의 크기는? [다수 공기업 기출]

① 120mm
② 130mm
③ 140mm
④ 150mm

28 다음 중 키(key)가 전달할 수 있는 동력이 큰 순서대로 나열한 것은? [다수 공기업 기출]

① 접선키 > 스플라인 > 세레이션 > 반달키
② 평키 > 안장키 > 묻힘키 > 스플라인
③ 세레이션 > 스플라인 > 묻힘키 > 안장키
④ 안장키 > 묻힘키 > 스플라인 > 세레이션

29 압축 코일스프링에서 유효감김수(n), 코일의 평균지름(D), 와이어의 지름(d)이 모두 2배 증가된다면 같은 크기의 축방향 하중에 대해 처짐량은 어떻게 되는가? [다수 공기업 기출]

① 1/2배 증가
② 2배 증가
③ 4배 증가
④ 변하지 않는다.

30 위 아래로 겹쳐진 판재의 접합을 위하여 한쪽 판재에 구멍을 뚫고, 이 구멍 안에 용가재를 녹여서 채우는 용접방법은? [다수 공기업 기출]

① 홈 용접
② 필렛 용접
③ 비드 용접
④ 플러그 용접

31 허용전단강도가 6kgf/mm^{2}이고, 지름이 12mm인 1줄 겹치기 리벳 이음작업을 한다고 할 때, 리벳의 허용전단강도를 고려하여 6ton의 하중을 버티기 위한 리벳의 최소 수는 얼마인가? [필수 중요 문제]

① 6개
② 7개
③ 8개
④ 9개

32 6m/s의 속도로 동력을 전달하고 있는 평벨트의 긴장측 장력이 100kgf, 이완측 장력이 50kgf일 때, 전달되는 동력[PS]은 얼마인가? [다수 공기업 기출]

① 2PS ② 4PS ③ 6PS ④ 8PS

33 두께가 20mm, 폭 100mm인 평판 중앙에 지름 40mm 구멍이 파여 있고, 평판의 양단에 9kN의 인장하중이 작용하고 있다. 구멍 부분의 응력집중계수가 2.4일 때 최대 응력은 얼마인가? [다수 공기업 기출]

① $10\mathrm{N/mm^2}$ ② $18\mathrm{N/mm^2}$
③ $20\mathrm{N/mm^2}$ ④ $22\mathrm{N/mm^2}$

34 나사에 축하중 Q가 작용할 때 나사부 머리부에 발생하는 전단응력 τ를 나사에서 발생하는 인장응력 σ의 0.5배까지 허용한다면 나사 머리부의 높이 H는 나사 지름 d의 몇 배가 되는가? [필수 중요 문제]

① 0.5 ② 1 ③ 2.5 ④ 4/3

35 원심력을 무시할 만큼의 저속의 평벨트 전동에서 유효 장력이 1.5kN이고 긴장측 장력이 이완측 장력의 2배라 하면 이 벨트의 폭은 얼마로 설계해야 하는가? [단, 벨트의 허용인장응력은 $5\mathrm{N/mm^2}$, 벨트의 두께는 10mm, 이음 효율은 80%이다.] [다수 공기업 기출]

① 55mm ② 65mm ③ 75mm ④ 85mm

36 재료의 허용응력 $\sigma a = 80\mathrm{N/mm^2}$, 여유치수 $C = 1\mathrm{mm}$이고 이음매가 없는 관을 사용할 때, 안지름 $D = 100\mathrm{mm}$, 관 벽 두께 $t = 8\mathrm{mm}$인 압력용기가 견딜 수 있는 최대 내부압력은 얼마인가? [다수 공기업 기출]

① $9.2\mathrm{N/mm^2}$ ② $10.2\mathrm{N/mm^2}$
③ $11.2\mathrm{N/mm^2}$ ④ $12.2\mathrm{N/mm^2}$

37 접촉면의 안지름과 바깥지름이 각각 80mm, 120mm이고, 마찰면의 수가 3개인 다판클러치가 100kg의 축방향 하중을 받을 때, 전달토크는? [단, 마찰계수는 0.25이다] [다수 공기업 기출]

① 1,000kg · mm ② 1,250kg · mm
③ 2,500kg · mm ④ 3,750kg · mm

38 구름 베어링의 기본 정정격하중에 대한 설명으로 가장 옳지 않은 것은? [출제 예상 문제]

① 베어링이 정하중을 받거나 저속으로 회전하는 경우에 정정격하중을 기준으로 베어링을 선정한다.
② 가장 큰 하중이 작용하는 접촉부에서 전동체의 변형량과 궤도륜의 영구 변형량의 합이 전동체 지름의 0.001이 되는 정지하중을 말한다.
③ 전동체 및 궤도륜의 변형을 일으키는 접촉응력은 헤르츠(Hertz)의 이론으로 계산한다.
④ 반경방향 하중을 받을 때는 주로 레이디얼 베어링을, 축방향 하중을 받을 때는 주로 스러스트 베어링을 선택한다.

39 2축 인장응력 $\sigma_x = 2\mathrm{kg/mm^2}$, $\sigma_y = 4\mathrm{kg/mm^2}$을 받고 있는 평판에서 유효응력(Von Mises응력)의 크기는? [출제 예상 문제]

① $1\mathrm{kg/mm^2}$
② $3\mathrm{kg/mm^2}$
③ $2\sqrt{5}\,\mathrm{kg/mm^2}$
④ $2\sqrt{3}\,\mathrm{kg/mm^2}$

40 열역학 제2법칙에 대한 설명 중 틀린 것은 모두 몇 개인가? [다수 공기업 기출]

- 효율이 100%인 열기관은 얻을 수 없다.
- 열기관에서 작동 물질이 일을 하게 하려면 그보다 더 고온인 물질이 필요하다.
- 제 2종의 영구 기관은 작동 물질의 종류에 따라 가능하다.
- 열은 스스로 저온의 물질에서 고온의 물질로 이동하지 않는다.

① 1개
② 2개
③ 3개
④ 4개

4회 실전 모의고사 정답 및 해설

01	②	02	③	03	③	04	④	05	③	06	②	07	④	08	④	09	④	10	②③
11	②	12	①②③	13	④	14	④	15	③	16	③	17	④	18	①	19	①	20	④
21	②	22	③	23	②	24	①	25	③	26	④	27	③	28	③	29	④	30	④
31	④	32	②	33	②	34	①	35	③	36	③	37	④	38	②	39	④	40	②

01

정답 ②

① 바로걸기의 경우, 한 쪽은 180°보다 크고 다른 쪽은 180°보다 작다.
③ 엇걸기는 두 쪽 모두 180°보다 크다.
④ 초기장력의 설명이다.

[벨트의 추가 설명]

■ 벨트, 벨트 풀리

일반 벨트전동은 이가 없다. 따라서 벨트와 벨트 풀리가 접촉됐을 때 발생하는 마찰력을 이용하여 동력을 전달하는 기계요소가 벨트전동장치아다. 간접전동장치인 이유는 직접 원동풀리와 종동풀리가 접촉하는 것이 아니라, 매개체인 벨트로 구동되기 때문이다.

- 타이밍벨트는 벨트 안쪽 표면에 이가 있다. 따라서 기존 벨트전동보다 정확한 속비를 얻을 수 있다. 타이밍벨트는 자동차엔진, 사무용 기기 등에 사용된다. 참고로 V벨트는 밀링머신에 잘 사용된다.
- 풀리의 구성: 림, 보스, 암

■ 벨트와 벨트 풀리의 특징

- 벨트 풀리와 벨트 면 사이에서 미끄럼이 발생할 수 있으므로 정확한 회전비를 필요로 하는 동력이나 큰 동력의 전달에는 적합하지 않다.
- 두 축 사이의 거리가 비교적 멀거나 마찰차, 기어 전동과 같이 직접 동력을 전달할 수 없을 때 사용한다.

■ 벨트 전동의 종류

- **평벨트**: 평평한 모양으로 두 축 사이의 거리가 멀 때 사용한다.
- **V벨트**: 큰 속도비(1:7~10)로 운전이 가능하며 작은 장력으로 큰 회전력을 전달할 수 있다. 그리고 마찰력이 크고 미끄럼이 적어 조용하며 벨트가 벗겨질 염려가 적다. 그리고 바로걸기만 가능하다. 엇걸기로 하면 V홈이 파진 표면쪽이 뒤집어지기 때문에 엇걸기는 불가능하다. V벨트의 효율은 90~95%이다. 또한, V벨트의 수명을 고려한 운전 속도는 10~18m/s이다.

✓ V벨트 특징 나열한 것 시험에 자주 출제된다. 이번 2020년 공기업 기계직 전공 필기시험에도 효율 수치에 대한 문제가 출제되었다.

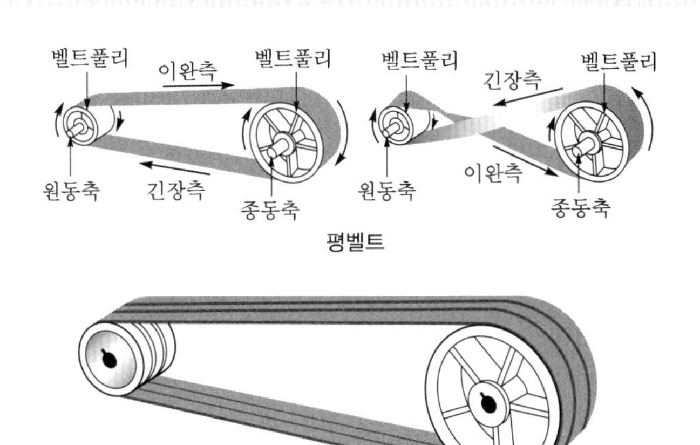

평벨트

V벨트

■ 초기장력과 유효장력

일반 벨트전동은 이가 없이 오로지 마찰력으로 전동하므로 운전 전에 미리 벨트에 장력을 가해 벨트가 팽팽해지도록 만들어야 풀리와 잘 붙는다. 그래야 마찰력이 더 많이 생기고 그 마찰력으로 동력을 전달할 수 있기 때문이다. 즉, 운전 전에 미리 벨트를 팽팽하게 만들기 위해 가해주는 장력이 바로 초기장력이다. 초기장력 = (긴장측 장력+이완측 장력)/2으로 구할 수 있다. 체인은 벨트처럼 마찰력으로 동력을 전달시키는 것이 아니라, 링크와 스프로킷 휠이 맞물려서 전동되기 때문에 미리 팽팽하게 해줄 필요가 없다. 즉, 이의 유무로 초기장력을 가해주냐 마느냐가 결정된다. 타이밍벨트는 초기장력이 어느 정도 필요하다. 그 이유는 벨트는 상대적으로 물렁물렁하며 이의 높이 자체도 높지가 않아 미리 당겨주는 것이 동력 전달에 용이하기 때문이다. 유효장력은 동력 전달에 필요한 회전력으로(긴장측 장력−이완측 장력)으로 구할 수 있다.

02

정답 ③

기어, 체인은 마찰력이 아닌 이와 이가 맞물려서 그 힘으로 동력을 전달하는 장치이다.

[전동장치의 종류]
- 직접전동장치: 마찰차, 기어, 캠
- 간접전동장치: 벨트, 로프, 체인

03

정답 ③

- 코킹: 리벳 이음을 한 후, 기밀을 유지하기 위해 정이라는 공구로 리벳머리, 판 이음부 등을 쳐서 틈새를 없애는 작업이다.
- 플러링: 코킹 작업 후에 기밀을 더욱 완전하게 하기 위해 강판과 같은 두께의 플러링 공구로 완전히 밀착시키는 작업이다.

04

정답 ④

위험속도: 축이 가지고 있는 고유진동수와 축의 회전수가 같아질 때의 속도를 말한다.

05

정답 ③

가공경화: 재결정온도 이하에서 소성변형을 주게 되면(냉간가공하면 할수록) 변형 정도가 커지면서 변형에 대한 저항 성질인 내부응력이 증가하게 되고 단단해지는 성질을 말한다.

[가공경화의 예]
가공경화는 냉간가공에서만 발생하고 열간가공에서는 발생하지 않는다.

- **냉간가공**: 철사를 가열하지 않은 상태에서 철사를 구부렸다 폈다를 반복하면 가공한 부분이 단단해지는 가공경화 현상이 발생하고 변형에 의한 저항열로 온도가 증가하다 결국 철사가 끊어지게 된다.
- **열간가공**: 철사를 가열한 상태에서 철사를 구부렸다 폈다를 반복해도 가공경화 현상이 발생하지 않는다. 따라서 철사는 쉽게 끊어지지 않으며 원하는 형상으로 가공할 수 있다.

06

정답 ②

[몰리에르 선도]

- H-S선도: 증기 흐름이나 유동을 해석할 때(세로축: 엔탈피, 가로축: 엔트로피)
- P-H선도: 냉동기에 대한 여러 상태를 해석할 때(세로축: 압력, 가로축: 엔탈피)

07

정답 ④

열펌프의 성적계수(성능계수): $\dfrac{Q_1}{Q_1 - Q_2}$

냉동기의 성적계수(성능계수): $\dfrac{Q_2}{Q_1 - Q_2}$

즉, B−A는 $\dfrac{Q_1 - Q_2}{Q_1 - Q_2}$ 이므로 1이 된다.

08

정답 ④

엔탈피는 내부에너지와 유동에너지의 합으로 표현된다.
엔탈피$(H) = U + PV$
$H = U + (P_2V_2 - P_1V_1) = 0 + 1000 \times 0.2 - 50 \times 2 = 100\text{kJ}$

09

정답 ④

② 중심각이 120도인 위치에 2개의 키를 설치하는 것은 접선키이다.
③ 중심각이 90도인 위치에 2개의 키를 설치하는 것은 접선키의 일종은 케네디키이다.
④ 안장키는 오로지 마찰력으로만 회전력을 전달시켜 큰 토크 전달에는 부적합하다.

10

정답 ②,③

② 단위질량당 물질의 온도를 1°C 올리는 데 필요한 열량은 **비열**이다. **열용량**은 물체의 온도를 1K 만큼 상승시키는 데 필요한 열량으로 단위는 J/K이다.
③ 정압과정으로 시스템에 전달된 열량
$Q = \triangle h - Vdp$에서 정압이므로 $dp = 0$이다.
즉, $Q = \triangle h$이다. 따라서 시스템에 전달된 열량은 엔탈피의 변화량과 같다.

[상태량의 종류]
- **강도성 상태량**
  - 물질의 질량에 관계없이 그 크기가 결정되는 상태량
  - 압력, 온도, 비체적, 밀도 등이 있다(**압온비밀**).
- **종량성 상태량**
  - 물질의 질량에 따라 그 크기가 결정되는 상태량, 즉 그 물질의 질량에 정비례 관계가 있다.
  - 체적, 내부에너지, 엔탈피, 엔트로피 등이 있다.

11

정답 ②

화력발전소의 기본 사이클의 순서(증기나 급수가 흐르는 순서)
- 급수펌프 → 보일러 → 과열기 → 터빈 → 복수기
- 절탄기 → 보일러 → 과열기 → 터빈 → 복수기

★ **절탄기**: 연도를 빠져나가는 배기가스의 열로 보일러로 들어가는 급수를 미리 예열하는 장치이다.

12

정답 ①,②,③

① 부력은 아르키메데스의 원리이다.
② 부력의 크기는 물체의 잠긴 부피에 해당하는 유체의 무게이다.
③ 부력은 중력의 영향을 받는 힘이다. 잠긴 부피에 해당하는 유체의 무게이므로 결국 유체의 질량×중력가속도로 표현이 되고 이는 중력의 영향을 받는다는 것을 내포하고 있다.
④ 떠 있는 상태이기 때문에 물체의 무게(mg)와 중력은 서로 힘의 평형 관계에 있다.

13

정답 ④

- 로딩(눈메움): 숫돌입자의 표면이나 기공에 칩이 채워져 있는 상태
- 글레이징(눈무딤): 숫돌입자가 탈락하지 않고 마멸에 의해 납작해지는 현상

14

정답 ④

[피로한도를 저하시키는 요인]

노치효과	단면치수나 형상이 갑자기 변하는 곳에 응력이 집중되고 피로한도가 급격하게 낮아진다.
치수효과	부재의 치수가 커지면 피로한도가 낮아진다.
표면효과	부재의 표면 다듬질이 거칠면 피로한도가 낮아진다.
압입효과	강압 끼워맞춤 등에 의해 피로한도가 낮아진다.
부식효과	부재의 부식에 의해 피로한도가 낮아진다. 예를 들어 산, 알칼리, 소금물에서 부식효과는 점점 증대된다.

15

정답 ③

[압출결함]

파이프결함	압출과정에서 마찰이 너무 크거나 소재의 냉각이 심한 경우 제품 표면에 산화물이나 불순물이 중심으로 빨려 들어가 발생하는 결함이다.
세브론균열(중심부균열)	취성균열의 파단면에서 나타나는 산모양을 말한다.
표면균열(대나무균열)	압출과정에서 속도가 너무 크거나, 온도, 마찰이 클 때 제품 표면의 온도가 급격하게 상승하여 표면에 균열이 발생하는 결함이다.

[인발결함]

솔기결함(심결함)	봉의 길이방향으로 나타나는 흠집을 말한다.
세브론균열(중심부균열)	인발에서도 세브론균열이 발생한다.

16

정답 ③

[개량처리]

Al에 Si가 고용될 수 있는 한계는 공정 온도인 약 577°C에서 약 1.6%이고 공정점은 12.6%이다. 이 부근의 주조 조직은 육각판의 모양으로 크고 거칠며 취성이 있어서 실용성이 없다. 이 합금에 나트륨이나 수산화나트륨, 플루오르화 알칼리, 알칼리 염류 등을 용탕 안에 넣고 10~50분 후에 주입하면 조직이 미세화되며 공정점과 온도가 14%, 556°C로 이동하는데 이 처리를 **개량처리**라고 한다.

[개량처리를 적용한 재료의 특징]

- Si(규소)의 함유량이 증가할수록 팽창계수와 비중은 낮아지며 주조성과 가공성도 나빠서 실용화가 어려워진다.
- 열간에서 취성이 없고 용융점이 낮아 유동성이 좋다.
- 용탕과 모래형 수분과의 반응으로 수소를 흡수하여 기포가 생기는 결점이 있다.
- 다이캐스팅에는 용탕이 급랭되므로 개량처리하지 않아도 미세한 조직이 된다.

17

정답 ④

① **플랭크 마모:** 절삭면과 평형하게 마모되는 현상
② **크레이터 마모:** 윗면경사각이 절삭에 의해 발생된 칩 등의 충돌로 오목하게 파이는 마모
③ **구성인선:** 절삭 칩이 날 끝에 붙어 마치 절삭날의 역할을 하는 현상
④ **치핑:** 절삭저항에 견디지 못하고 날 끝이 탈락하는 현상

18

정답 ①

플라스틱은 열에 약하기 때문에 녹이기 쉽고 그에 따라 성형성이 우수하고, 전기가 잘 안 통한다(전기 절연성이 좋다). 플라스틱 재료의 일반적인 표면경도는 높지 않다.

✓ 특수 플라스틱 경우는 강철보다 단단한 것도 있지만, 일반적인 성질을 물어봤으므로 답은 ①이다.

19

정답 ①

유효장력은 동력 전달에 필요한 회전력으로 (긴장측 장력 − 이완측 장력)으로 구할 수 있다.

20

정답 ④

기본적인 열의 이동 방향은 고온에서 저온으로 이동한다. 폭포수가 위에서 아래로 떨어지듯 에너지가 높은 곳에서 에너지가 낮은 곳으로 이동하게 된다.

21

정답 ②

동일한 높이 h에서 굴러 내려오기 때문에 초기 위치에너지는 mgh로 동일하다. 이 위치에너지가 지면에 도달했을 때 모두 운동에너지로 변환되므로 A와 B의 운동에너지는 모두 mgh 크기로 동일하다. 따라서 A/B는 1이다.

22

정답 ③

동력(W) = 유효장력(T_e) × 속도(V)
[단, 유효장력(T_e) = 긴장측 장력(T_t) − 이완측 장력(Ts)]
문제에서 긴장측 장력 = 이완측 장력 × 3이므로 유효장력$(T_e) = 3T_s - T_s = 2T_s$
동력을 구하면 아래와 같다.
$40{,}000\text{W} = 2T_s \times 20\text{m/s} \quad \therefore T_s = 1{,}000\text{N}$
즉, 이완측 장력은 1,000N이 도출된다. 긴장측 장력은 이완측 장력의 3배이므로 3,000N임을 알 수 있다.

4회 실전 모의고사

23

정답 ②

90°C의 물과 0°C의 얼음이 만나 어느 정도 시간이 흐르면 물과 얼음은 서로 평형상태가 되어 평형온도 T 상태가 된다. 90°C의 물은 0°C의 얼음으로부터 열을 빼앗기기 때문에 90°C에서 평형온도 T로, 0°C의 얼음은 90°C의 물로부터 열을 빼앗아 녹게 되고, 0°C의 물에서 평형온도 T로 상승할 것이다.

0°C의 얼음이 90°C의 물로부터 빼앗긴 열량 Q와 90°C의 물이 0°C의 얼음으로부터 얻은 열량 Q는 서로 동일할 것이다. 이를 수식으로 표현하면 아래와 같다.

★ 0°C의 얼음이 90°C의 물로부터 빼앗은 열은 얼음이 물로 상변화하는 데 필요한 열인 얼음의 융해열 A와 0°C의 물에서 평형온도 T까지 온도가 변화되는 데 필요한 현열로 쓰일 것이다.
→ $Q=mA+Cm(T-0)$ [여기서, m: 질량]

★ 90°C의 물은 0°C의 얼음으로부터 열을 빼앗겨 90°C에서 평형온도 T까지 온도가 변한다.
→ $Q=Cm(90-T)$

즉, 물과 얼음 사이에서 이동한 열량 Q는 서로 같기 때문에 $mA+Cm(T-0)=Cm(90-T)$가 된다.

$A+CT=90c-CT$

$2CT=90C-A$

$T=45-A/2C$로 도출될 수 있다.

24

정답 ①

[경도시험법]
브리넬, 비커스, 로크웰, 쇼어, 마이어, 누프 등

[충격시험]
- 아이조드: 외팔보 상태에서 시험하는 충격시험기
- 샤르피: 시험편을 단순보 상태에서 시험하는 샤르피 충격시험기

25

정답 ③

노치부 응력$(\sigma_{\max})$ = 응력집중계수$(\alpha)\times\dfrac{P}{A}$

A(단면적) $=(90-40)\times 20=1{,}000\text{mm}^2$

노치부 응력 = 응력집중계수$(\alpha)\times\dfrac{P}{A}=2\times\dfrac{30000N}{1000\text{mm}^2}=60\text{MPa}$

안전율$(S)=\dfrac{\text{극한강도}}{\text{노치부 응력}}=\dfrac{150\text{MPa}}{60\text{MPa}}=2.5$

26

정답 ④

에반스 마찰차: 2개의 원추차 사이에 가죽 또는 강철제 링을 접촉시켜 회전비를 변화시키는 무단변속 마찰차이다.

[무단변속 마찰차의 종류]
에반스 마찰차, 구면 마찰차, 원판 마찰차(크라운 마찰차), 원추 마찰차(베벨 마찰차)
암기법: (에)(구) (빤)(추) 보일라~

27

정답 ③

[단판클러치]

$$T(\text{토크}) = \mu P\left(\frac{D_m}{2}\right) = \mu P\left(\frac{D_1 + D_2}{4}\right)$$

[여기서, D_m: 평균지름, $\left(= \frac{D_1 + D_2}{2}\right)$, D_1: 안지름, D_2: 바깥지름, μ: 마찰계수]

$$T(\text{토크}) = \mu P\left(\frac{D_1 + D_2}{4}\right) \rightarrow 70 = 0.35 \times 2{,}000 \times \frac{D_1 + 0.26}{4}$$

$$\therefore D_1 = 0.14\text{m} = 140\text{mm}$$

28

정답 ③

[키(key)의 전달동력, 회전력 큰 순서]
세레이션 > 스플라인 > 접선키 > 성크키(묻힘키) > 반달키(우드러프키) > 평키 > 안장키(새들키) > 핀키(둥근키)

29

정답 ④

[압축 코일스프링의 처짐량(δ)]

$\delta = \frac{8PD^3n}{Gd^4}$ [여기서, P: 스프링에 작용하는 하중, D: 코일의 평균지름, n: 감김수, G: 전단탄성계수(횡탄성계수), d: 소선의 지름]

문제에서는 n, D, d가 각각 2배가 증가한다고 되어 있으므로 아래 식에 대입해보면 된다.

$$\delta = \frac{8P(2D)^3(2n)}{G(2d)^4} = \frac{8PD^3n}{Gd^4}$$

결국, 처짐량(δ)은 처음과 같다는 것을 알 수 있다.

30

정답 ④

• **플러그 용접**: 위 아래로 겹쳐진 판재의 접합을 위하여 한쪽 판재에 구멍을 뚫고, 이 구멍 안에 용가재(용접봉)을 녹여서 채우는 용접 방법

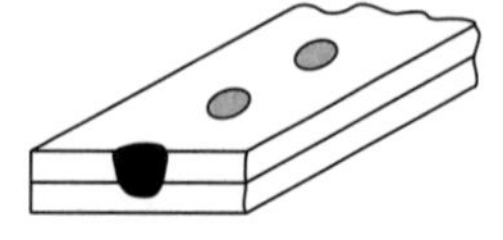

• **슬롯 용접**: 플러그 용접의 둥근 구멍 대신에 가늘고 긴 홈에 비드를 붙이는 용접법이다.

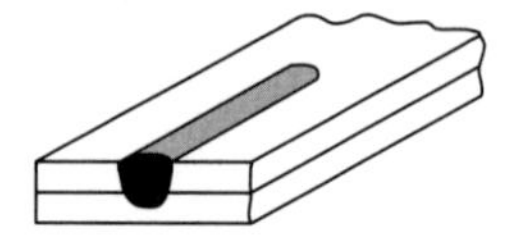

31

정답 ④

$P=\tau\frac{1}{4}\pi d^2 n$

하중이 6ton이므로 6,000kgf라고 생각하면 된다. 1kgf = 9.8N이므로 하중은 58,800N이다.

τ(허용전단강도) = 6kgf/mm^2 = 58.8N/mm^2

$P=\tau\frac{1}{4}\pi d^2 n \rightarrow 58{,}800\text{N}=58.8\text{N/mm}^2\times\frac{1}{4}\times\pi\times 12^2\times n \rightarrow \therefore n=8.846$

n(리벳수)가 8.846이므로 최소 9개가 있어야 6ton의 하중을 버틸 수 있다.

32

정답 ②

긴장측 장력(T_t) = 100kgf = 980N, 이완측 장력(T_s) = 50kgf = 490N

[여기서, 1kgf = 9.8N이다]

T_e(유효 장력) = T_t(긴장측 장력) − T_s(이완측 장력)

T_e(유효 장력) = 980N − 490N = 490N

전달동력(H) = $T_e V$ = 490N × 6m/s = 2,940W = 2.94kW

단, 1kW = 1.36PS이므로 2.94kW = 1.36 × 2.94[PS] = 3.9884PS = 약 4PS가 도출된다.

33

정답 ②

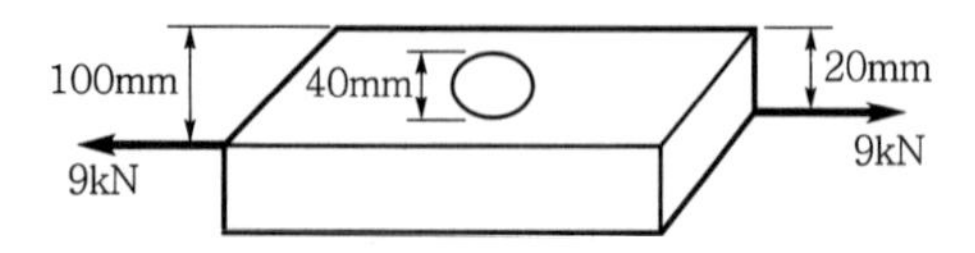

문제에서 제시된 상황을 그림으로 나타낸 것이다. 응력집중은 단면적이 급하게 변하는 부분, 모서리 부분, 구멍 부분 등에서 발생한다.

$\sigma_{\max}=\alpha\left(\frac{P}{A}\right)=\frac{P}{(b-d)t}=2.4\times\frac{9{,}000\text{N}}{(100-40)\times 20}=18\text{N/mm}^2$

34

정답 ①

$\tau = \dfrac{Q}{\pi dH}$, $\sigma = \dfrac{Q}{\frac{1}{4}\pi d^2} = \dfrac{4Q}{\pi d^2}$ 이다.

τ를 σ의 0.5배까지 허용한다고 나와있으므로 $\tau = 0.5\sigma$가 된다.

$$\frac{Q}{\pi dH} = 0.5\left(\frac{4Q}{\pi d^2}\right) = \frac{2Q}{\pi d^2}$$

$$\therefore H = \frac{1}{2}d = 0.5d$$

35

정답 ③

T_e(유효장력) = 1.5KN이며 $T_t = 2T_s$이다.

$T_e = T_t$(긴장측 장력) − T_s(이완측 장력)이므로 $T_e = 2T_s - T_s = T_s$가 된다.

즉, T_s(이완측 장력) = 1.5kN이고, 긴장측 장력(T_t)은 2배인 3.0kN이 된다.

$\sigma_a = \dfrac{T_t}{bt\eta}$ [여기서, σ_a: 허용인장응력, b: 벨트의 폭, t: 벨트의 두께, η: 이음 효율]

$5 = \dfrac{3{,}000}{b \times 10 \times 0.8} \rightarrow \therefore b = 75\text{mm}$

36

정답 ③

$t = \dfrac{Pd}{2\sigma_a} + C$ [여기서, t: 두께, σ_a: 허용응력, P: 압력, d: 안지름, C: 부식여유(여유치수)]

위 식을 정리하면 압력 $P = \dfrac{2(t-C)\sigma_a}{d}$가 된다.

$$P = \frac{2(t-C)\sigma_a}{d} = \frac{2 \times (8-1) \times 80}{100} = 11.2\text{N/mm}^2$$

37

정답 ④

$$T(\text{토크}) = \mu P\left(\frac{D_m}{2}\right)Z = \mu P\left(\frac{D_1 + D_2}{4}\right)Z$$

[여기서, D_m: 평균지름$\left(\dfrac{D_1 + D_2}{2}\right)$, D_1: 안지름, D_2: 바깥지름, μ: 마찰계수, Z: 판의 수(마찰면 수)]

T(토크) $T = 0.25 \times 100 \times \left(\dfrac{80+120}{4}\right) \times 3 = 3{,}750\text{kg} \cdot \text{mm}$

38

정답 ②

기본 정정격하중: 가장 큰 하중이 작용하는 접촉부에서 전동체의 변형량과 궤도륜의 영구 변형률의 합이 전동체 지름의 0.0001이 되는 정지하중을 말한다.

39

정답 ④

$$\sigma_{VM} = \sqrt{\sigma_x^2 + \sigma_y^2 - \sigma_x\sigma_y + 3\tau_{xy}^2}$$
$$= \sqrt{2^2 + 4^2 - (2\times 4) + 3(0^2)} = \sqrt{12} = 2\sqrt{3}\,\text{kg/mm}^2$$

40

정답 ②

[열역학 제0법칙 – 열 평형의 법칙]

- 물질 A와 B가 접촉하여 서로 열 평형을 이루고 있으면 이 둘은 열적 평형상태에 있으며 알짜 열의 이동은 없다.
- 온도계의 원리와 관계된 법칙

[열역학 제1법칙 – 에너지 보존의 법칙]

- 계 내부의 에너지의 총합은 변하지 않는다.
- 물체에 공급된 에너지는 물체의 내부에너지를 높이거나 외부에 일을 하므로 에너지의 양은 일정하게 보존된다.
- 열은 에너지의 한 형태로서 일을 열로 변환하거나 열을 일로 변환하는 것이 가능하다.
- 열효율이 100% 이상인 제1종 영구기관은 열역학 제1법칙에 위배된다(열효율이 100% 이상인 열기관을 얻을 수 없다).

[열역학 제2법칙– 에너지의 방향성을 명시하는 법칙]

- 열은 항상 고온에서 저온으로 흐른다, 열은 스스로 저온의 물질에서 고온의 물질로 이동하지 않는다.
- 열기관에서 작동 물질이 일을 하게 하려면 그보다 더 저온인 물질이 필요하다.
  (열은 항상 고온에서 저온으로 이동하기 때문에 열기관에서 더 저온인 물질이 필요하며 열이 이동해야만 공급된 열과 방출된 열의 차이만큼 외부로 일이 만들어지기 때문이다.)
- 비가역성을 명시하는 법칙으로 엔트로피는 항상 증가한다.
- 절대온도의 눈금을 정의하는 법칙
- 하나의 열원에서 얻어진 열을 모두 일로 바꾸는 기관은 존재하지 않는다.
- 열효율이 100%인 제2종 영구기관은 열역학 제2법칙에 위배된다.
  (열효율이 100%인 열기관을 얻을 수 없다)
- 외부의 도움 없이 스스로 자발적으로 일어나는 반응은 열역학 제2법칙과 관련이 있다.
- 비가역의 예시: 혼합, 자유팽창, 확산, 삼투압, 마찰, 열의 이동, 화학 반응 등이 있다.

참고

자유팽창은 등온으로 간주하는 과정이다.

[열역학 제3법칙]

- **네른스트**: 어떤 방법에 의해서도 물질의 온도를 절대 영도까지 내려가게 할 수 없다.
- **플랑크**: 모든 물질이 열역학적 평형상태에 있을 때 절대온도가 0K에 가까워지면 엔트로피도 0에 가까워진다.

$$\lim_{t \to 0} \Delta S = 0$$

■ 열역학 법칙 발견 순서: 1법칙 → 2법칙 → 0법칙 → 3법칙

5회 실전 모의고사

1문제당 2.5점 / 점수 [ ]점

⋯→ 정답 및 해설: p.134

01 아래 보기에서 에너지의 차원은 모두 몇 개인가? [출제 예상 문제]

> ㄱ. 압력과 부피의 곱
> ㄴ. 엔트로피(entropy)와 절대온도의 곱
> ㄷ. 열용량과 절대온도의 곱
> ㄹ. 엔탈피

① 1개 ② 2개 ③ 3개 ④ 4개

02 아래 도식도가 나타내는 사이클의 명칭은 무엇인가? [출제 예상 문제]

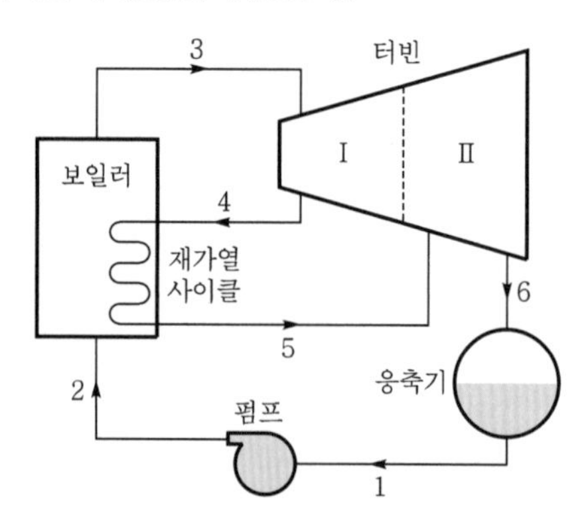

① 브레이턴 사이클 ② 재생사이클
③ 재열사이클 ④ 카르노사이클

03 발열량이 10000kcal/kg인 어떤 연료 1kg을 연소해서 30%가 유용한 일로 전환될 때, 이 일을 사용하여 500kg의 물체를 올릴 수 있는 최대 높이[m]는 약 얼마인가? [단, 중력가속도는 $10m/s^2$] [출제 예상 문제]

① 25.08 ② 250.8 ③ 2,508 ④ 250,800

04 세기성질(intensive property)이 아닌 것은? [필수 중요 문제]

① 온도 ② 압력 ③ 표면장력 ④ 엔트로피

05 원자력 발전소를 원자력 반응기의 온도와 강물의 온도 사이에서 운전되는 열기관으로 볼 때, 반응기의 온도가 500K이고 강물의 온도가 300K이며 1,200MW의 순일을 생산한다면 강물로 버려져야 할 최소 열[MW]은? [필수 중요 문제]

① 800 ② 1,800 ③ 2,000 ④ 3,000

06 디젤기관과 오토기관에 대한 설명으로 옳지 않은 것은? [필수 중요 문제]

① 디젤기관에서 공기는 연료의 자연발화 온도 이상까지 압축되고, 연소는 연료가 이 고온의 공기 속으로 분사되어 접촉함으로써 시작된다.
② 압축비가 같다면 디젤기관이 오토기관보다 열효율이 높다.
③ 실제 디젤기관에서는 오토기관의 압축비보다 높은 압축비를 사용한다.
④ 디젤기관은 압축착화 왕복기관이고 오토기관은 불꽃점화 왕복기관이다.

07 아래처럼 하중을 받는 캔틸레버보에서 B점의 수직변위의 크기는 $\frac{APL^3}{EI}$이다. 상수 A는?
[단, 휨강성 EI는 일정하며, 구조물의 자중은 무시한다] [출제 예상 문제]

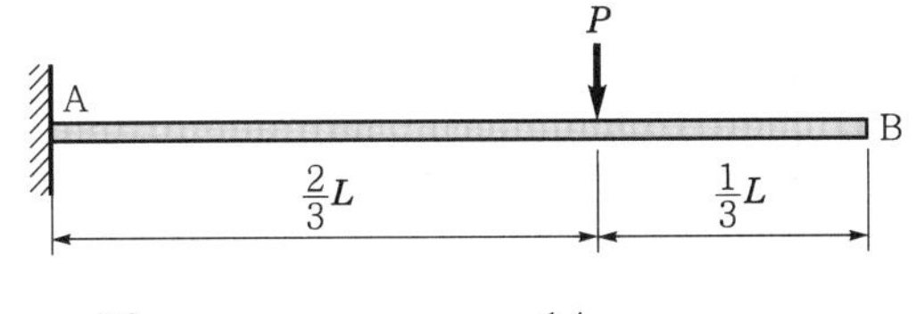

① $\frac{14}{81}$ ② $\frac{16}{81}$ ③ $\frac{14}{27}$ ④ $\frac{16}{27}$

08 다음 중 Dalton의 법칙에 대한 설명으로 옳은 것은? [다수 공기업 기출]

① 혼합기체의 온도는 일정하다.
② 혼합기체의 전체 압력은 각 성분의 분압의 합과 같다.
③ 혼합기체의 전체 부피는 각 성분의 부피의 합과 같다.
④ 혼합기체의 기체상수는 각 성분의 상수의 합과 같다.

09 온도 300K, 압력 1bar로 각각 동일하게 유지된 채 계의 상태가 변하고 있다. 이 때, 계의 엔탈피와 엔트로피는 각각 8kJ, 30J/K씩 감소한다. 이 상태 변화에 대한 깁스 자유에너지 변화를 계산하고, 이 과정이 자발적인지, 비자발적인지 판단하면? [출제 예상 문제]

① 1kJ, 비자발적
② 1kJ, 자발적
③ −17kJ, 비자발적
④ −17kJ, 자발적

10 평지에서 질량 1,000kg인 자동차가 30m/s의 속력으로 달리다가 제동을 시작하여 90m 진행한 후 정지했다. 제동하는 동안 자동차에 가해진 평균 마찰력 [N]은? [단, 역학적 에너지는 마찰에 의해서만 손실된다고 가정한다] [출제 예상 문제]

① 167
② 333
③ 5,000
④ 10,000

11 마찰을 무시할 수 있는 빙판 위에서, 질량 60kg인 스케이트 선수가 20m/s로 미끄러지다가 정지해 있던 질량 40kg인 선수를 밀어내고 그 자리에 정지했다. 정지해 있던 선수의 충돌 직후 속력 [m/s]은? [출제 예상 문제]

① 4
② 20
③ 10
④ 30

12 10rpm(분당 회전수)으로 회전하는 의자에 앉아 있는 한 학생이 양팔을 벌려 무거운 물체를 들고 있다. 이 때 계의 총 회전관성은 $5\text{kg}\cdot\text{m}^2$이다. 그가 양팔을 몸 쪽으로 당겨서 계의 총 회전관성이 $2\text{kg}\cdot\text{m}^2$으로 되었을 때, 외부 토크가 작용하지 않는다면, 계의 새로운 회전수 [rpm]는? [출제 예상 문제]

① 1
② 4
③ 25
④ 50

13 열역학 제2법칙과 관계가 먼 것은? [다수 공기업 기출]

① 고립된 계의 엔트로피는 감소하지 않는다.
② 제2종 영구기관을 만들 수 없다.
③ 열은 낮은 온도에서 높은 온도로 저절로 흐르지 않는다.
④ 단열팽창하는 기체의 온도는 낮아진다.

14 용수철상수 k인 용수철에 질량 m인 추를 매달아 진동시킬 때 진동 주기를 T라고 한다. 이 용수철 여러 개를 직렬 또는 병렬로 연결하여 같은 질량의 추를 매달았을 때 진동 주기가 $2T$로 되도록 하려면 이 용수철들을 어떻게 연결하여야 하는가? [다수 공기업 기출]

① 2개를 직렬로 연결
② 4개를 직렬로 연결
③ 4개를 병렬로 연결
④ 8개를 병렬로 연결

15 투수가 질량 0.2kg인 야구공을 수평으로 30m/s의 속력으로 던졌다. 이 공을 타자가 쳐서 투수에게 되돌아 왔을 때 수평 속력이 40m/s였다. 야구공과 방망이가 0.002s 동안 접촉했다면 방망이가 야구공에 가한 평균힘의 수평성분[N]은? [단, 공기의 마찰은 무시] [2020 한국가스공사 기출 유형]

① 1,000
② 3,000
③ 5,000
④ 7,000

16 밀도 600kg/m^3인 물체가 밀도 800kg/m^3인 액체에 떠 있다. 물체가 액체 위로 드러나는 부분은 전체의 몇 %인가? [다수 공기업 기출]

① 10
② 25
③ 75
④ 90

17 지표면으로부터 높이 $5R$인 곳에서 원 궤도를 도는 인공위성이 있다. 여기서 R은 지구의 평균반지름이다. 이 인공위성의 2배 속력으로 원 궤도를 도는 위성은 지표면으로부터 얼마의 높이에 있는가? [출제 예상 문제]

① $0.25R$
② $0.5R$
③ $1.25R$
④ $1.5R$

18 열에 관한 설명 중 옳은 것을 모두 고르면 몇 개인가? [필수 중요 문제]

ㄱ. 열접촉을 하고 있는 두 계 사이에서 열은 에너지가 큰 계에서 작은 계로 이동한다.
ㄴ. 대류는 유체의 이동에 의한 열전달 방식이다.
ㄷ. 물체가 방출하는 에너지의 복사율은 그 물체의 절대온도의 4제곱에 비례한다.
ㄹ. 금속 막대의 한 쪽 끝을 불 속에 놓아두면 열전도에 의해 다른 쪽 끝이 뜨거워진다.
ㅁ. 1cal는 물 1g의 온도를 14.5°C에서 15.5°C로 올리는 데 필요한 열의 양으로 정의한다.

① 2개
② 3개
③ 4개
④ 5개

19 10°C의 물이 계속 에너지를 잃어 −10°C의 얼음으로 되는 동안 이 물질의 엔트로피 변화는?

[필수 중요 문제]

① 변화가 없다.
② 계속 감소한다.
③ 0°C에서 물이 얼음으로 되는 동안만 변화가 없고 계속 감소한다.
④ 0°C에서 물이 얼음으로 되는 동안만 변화가 없고 계속 증가한다.

20 온도가 800K인 고열원과 온도가 200K인 저열원 사이에서 작동하는 이상적인 열기관이 매초 1,000J의 열을 저열원으로 방출한다. 이 열기관이 매초 외부에 하는 일은? [다수 공기업 기출]

① 250J ② 750J ③ 1,000J ④ 3,000J

21 구상흑연주철에 첨가하는 원소로 옳은 것은? [다수 공기업 기출]

① Ni ② Mo ③ Cr ④ Mg

22 재결정과 관련된 설명으로 옳지 못한 것은? [출제 예상 문제]

① 재결정이 발생하면 연성이 증가하고 강도는 저하된다.
② 냉간가공과 열간가공의 기준이 되는 것은 재결정온도이다.
③ 텅스텐(W)과 금(Au)에 각각 동일한 열량을 가하면 텅스텐(W)에서 먼저 재결정이 이루어진다.
④ 재결정온도 이상으로 장시간 유지하면 결정립이 점점 커진다.

23 다음 보기는 유체에 작용하고 있는 힘을 설명한 것이다. 이와 가장 관련이 있는 것은 무엇인가?

[다수 공기업 기출]

액체 속에서 물체는 물체의 부피로 인해 밀어낸 액체의 무게만큼 그 액체로부터 수직 상방향으로 부력이라는 힘을 받는다.

① 토리첼리의 정리 ② 베르누이 법칙
③ 파스칼의 원리 ④ 아르키메데스의 원리

24 물 위에 떠 있던 배 밑바닥에 10cm^2의 넓이만큼의 구멍이 생겼다. 이 구멍은 수면으로부터 80cm 아래에 있다고 할 때, 1초당 배 안으로 유입되는 물의 양은 대략 얼마인가? [단, 중력가속도는 10m/s^2이며 배는 가라앉지 않는다.] [출제 예상 문제]

① 2L ② 4L ③ 8L ④ 16L

25 일정량의 기체에 5kcal의 열량을 가했더니 기체가 팽창하면서 외부에 8,400J의 일을 했다. 이때, 기체의 내부에너지 증가량은 얼마인가? [다수 공기업 기출]

① 0J ② 8,400J ③ 12,500J ④ 29,400J

26 한 밀폐계가 190kJ의 열을 받으면서 외부에 20kJ의 일을 한다면 이 계의 내부에너지의 변화는 약 얼마인가? [다수 공기업 기출]

① 170kJ만큼 감소한다.
② 170kJ만큼 증가한다.
③ 210kJ만큼 감소한다.
④ 210kJ만큼 증가한다.

27 다음 중 응력-변형률 선도로부터 구할 수 없는 것은 모두 몇 개인가? [다수 공기업 기출]

인장강도, 극한강도, 경도, 푸아송비, 최대공칭응력, 비례한도, 안전계수, 탄성계수

① 1개 ② 2개 ③ 3개 ④ 4개

28 평벨트의 이음방법 중 효율이 가장 높은 것은? [2020 한국석유공사 기출]

① 이음쇠 이음
② 아교 이음
③ 관자 보틀 이음
④ 가죽 끈 이음

29 열응력에 대한 다음 설명 중 틀린 것은? [다수 공기업 기출]

① 재료 탄성계수와 관계있다.
② 재료의 비중과 관계있다.
③ 재료의 선팽창계수와 관계있다.
④ 온도차와 관계있다.

30 이상기체의 폴리트로프변화에 대한 식이 $PV^n = C$라고 할 때 다음의 변화에 대하여 표현이 틀린 것은? [다수 공기업 기출]

① $n = \infty$일 때는 정적변화를 한다.
② $n = 0$일 때는 정압변화를 한다.
③ $n = k$일 때는 등온 및 정압변화를 한다.
④ $n = 1$일 때는 등온변화를 한다.

31 재료를 인장시험할 때, 재료에 작용하는 하중을 변형 전의 원래 단면적으로 나눈 응력은?

[필수 중요 문제]

① 전단응력 ② 진응력 ③ 인장응력 ④ 공칭응력

32 리벳 이음에 대한 설명 중 옳지 않은 것은? [필수 중요 문제]

① 강판 또는 형강을 영구적으로 접합하는 데 사용하는 체결 기계요소이다.
② 초기 응력에 의한 잔류 변형이 발생한다.
③ 구조물 등에서 현장 조립할 때는 용접이음보다 쉽다.
④ 경합금과 같이 용접이 곤란한 재료에 신뢰성이 있다.

33 다음 중 체인 전동(chain drive)의 특성에 대한 설명으로 옳은 것은 모두 몇 개인가?

[다수 공기업 기출]

- 큰 동력을 전달할 수 있고 전동효율이 높다.
- 미끄럼이 없어 일정한 속도비가 얻어진다.
- 초기장력이 필요 없다.
- 충격 흡수가 어렵다.
- 진동과 소음이 발생하기 쉽다.
- 고속회전에 적합하다.

① 1개 ② 2개 ③ 3개 ④ 4개

34 열역학과 관련된 설명 중 옳은 것을 모두 고르면? [다수 공기업 기출]

ㄱ. 엔탈피는 내부에너지와 유동에너지의 합으로 표현된다.
ㄴ. 엔트로피는 가역일 때 일정하며 비가역일 때 항상 감소한다.
ㄷ. 엔트로피는 일반적으로 기체 상태가 액체 상태보다 크다.
ㄹ. 비가역과정은 본래의 상태로 되돌아갈 수 없는 과정을 의미한다.

① ㄱ ② ㄱ, ㄴ ③ ㄱ, ㄹ ④ ㄱ, ㄷ, ㄹ

35 구성인선(빌트업에지, built-up edge)을 방지하는 방법으로 옳지 못한 것은? [다수 공기업 기출]

① 윤활성이 좋은 절삭유제를 사용한다. ② 공구의 윗면 경사각을 크게 한다.
③ 고속으로 절삭한다. ④ 절삭 깊이를 크게 한다.

36 아래 보기에서 외연기관의 종류를 모두 고르면 몇 개인가? [다수 공기업 기출]

가솔린기관, 제트기관, 석유기관, 증기기관, 디젤기관, 로켓기관, 증기터빈

① 1개 ② 2개 ③ 3개 ④ 4개

37 영구 기관과 관련된 설명으로 옳지 못한 것은? [출제 예상 문제]

① 제1종 영구 기관은 외부로부터 에너지를 공급받지 않고 영구적으로 일을 할 수 있는, 즉 에너지의 공급 없이 계속 일을 할 수 있는 가상적인 기관이다.
② 영구 기관이 되기 위한 조건으로는 외부에서 에너지를 공급받지 않고 계속 일을 해야 하며, 계속 일을 하기 위해서는 순환 과정으로 이루어져 있어야 하며 1회 순환이 끝나면 처음 상태로 되돌아와야 한다. 그리고 순환 과정이 1번 반복될 때마다 외부에 일정량의 일을 해야 한다.
③ 제2종 영구 기관은 열효율이 100% 이상인 열기관으로, 열에너지를 전부 일로 변환할 수 있는 가상적인 장치이다.
④ 제1종 영구 기관은 열역학 제1법칙에 위배되며, 제2종 영구 기관은 열역학 제2법칙에 위배된다.

38 주철의 성질에 대한 설명으로 옳지 못한 것은? [다수 공기업 기출]

① 주철은 깨지기 쉬운 것이 큰 결점이나 고급주철은 어느 정도 충격에 견딜 수 있다.
② 주철은 자체의 흑연이 윤활제 역할을 하고, 흑연 자체가 기름을 흡수하므로 내마멸성이 커진다.
③ 흑연은 윤활작용으로 유동형 절삭칩이 발생하므로 절삭유를 사용하면서 가공해야 한다.
④ 압축강도가 매우 크기 때문에 기계류의 몸체나 배드 등의 재료로 많이 사용된다.

39 최고온도와 최저온도가 모두 동일한 이상적인 가열사이클 중 효율이 다른 하나는? [단, 사이클 작동에 사용되는 가스는 모두 동일하다.] [다수 공기업 기출]

① 카르노 사이클 ② 브레이튼 사이클
③ 스털링 사이클 ④ 에릭슨 사이클

40 금속의 결정구조에 대한 설명으로 옳지 못한 것은? [필수 중요 문제]

① 결정입자의 경계를 결정입계라 한다.
② 결정체를 이루고 있는 각 결정을 결정입자라 한다.
③ 물질을 구성하고 있는 원자가 입체적으로 규칙적인 배열을 이루고 있는 것을 결정이라 한다.
④ 체심입방격자는 단위격자 속에 있는 원자수가 3개이다.

5회 실전 모의고사 정답 및 해설

01	④	02	③	03	③	04	④	05	②	06	②	07	①	08	②	09	①	10	③
11	④	12	③	13	④	14	②	15	④	16	②	17	②	18	④	19	②	20	④
21	④	22	③	23	④	24	②	25	③	26	②	27	③	28	②	29	②	30	③
31	④	32	②	33	④	34	④	35	④	36	②	37	③	38	③	39	②	40	④

01

정답 ④

에너지의 기본 단위는 줄(J)이다.

ㄱ. 압력과 부피는 기체가 한 일로 단위가 J로 도출된다. 즉, 에너지 차원이다.

ㄴ. 엔트로피의 단위는 J/K이며 절대온도의 단위는 K이므로 에너지 차원이 도출된다.

ㄷ. 열용량의 단위는 J/K이며 절대온도의 단위는 K이므로 에너지 차원이 도출된다.

ㄹ. 엔탈피의 단위는 J로 에너지 차원이다.

02

정답 ③

“재가열 사이클”, 즉 재열기가 추가된 사이클임을 알 수 있다.

터빈 출구에서 빠져나온 증기는 일한만큼 온도가 떨어진다. 온도를 다시 증가시키기 위해서 터빈 출구에서 1차 팽창일을 하고 온도가 떨어진 증기를 다시 재열기로 투입시켜 온도를 올려 터빈 출구의 건도를 증가시키고 열효율을 증가시킬 수 있다. 이것이 바로 재열사이클이다.

03

정답 ③

연료 1kg이 연소되어 발열되는 열량은 10,000kcal이다. 이 중에서 30%가 유용한 일로 전환되므로 3000kcal가 유용한 일이다. 이를 J로 변환시키면 1kcal = 4,180J이므로 12,540kJ이 된다.

500kg의 물체를 어떤 높이 h만큼 올리는 데 필요한 에너지는 그 물체가 어떤 높이 h에서 가지고 있는 위치에너지이다. 즉, 12,540kJ의 일이 물체가 가지고 있는 mgh(위치에너지)로 사용되면 된다. 즉, 12,540,000J $= mgh$ → 12,540,000J $= 500 \times 10 \times h$이므로 h(높이)는 2,508m가 도출되게 된다.

04

정답 ④

intensive property는 강도성 상태량을 의미한다.

- 강도성 상태량(질량과 무관한 상태량): 압력, 온도, 비체적, 밀도, 비상태량, 표면장력 등
- 종량성 상태량(질량과 관계있는 상태량): 엔트로피, 내부에너지, 엔탈피, 체적, 질량 등

05

정답 ②

열기관의 열효율: $1-\dfrac{T_2}{T_1}=1-\dfrac{300}{500}=0.4=40\%$이다.

열효율은 기본적으로 (일/공급된 열)이다.

$$0.4=\frac{1,200}{\text{공급된 열}}$$

공급된 열: 3,000

일(W)는 공급된 열–방출된 열(버려지는 열)

따라서 1,200 = 3,000–방출된 열(버려지는 열)

방출된 열(버려지는 열)은 1,800이다.

06

정답 ②

[어떤 조건도 없을 때]

- 열효율 비교: 가솔린기관 26~28%, 디젤기관 33~38%
- 압축비 비교: 가솔린기관 6~9%, 디젤기관 12~22%

[조건이 있을 때]

- 압축비 및 가열량이 동일할 때: 오토사이클 > 사바테사이클 > 디젤사이클
- 최고압력 및 가열량이 동일할 때: 디젤사이클 > 사바테사이클 > 오토사이클

07

정답 ①

켄틸레버보는 외팔보이다.

다음 그림과 같이 BMD, 굽힘모멘트 선도를 도시하고 모멘트 면적법을 활용하여 처짐량을 도출하면 된다.

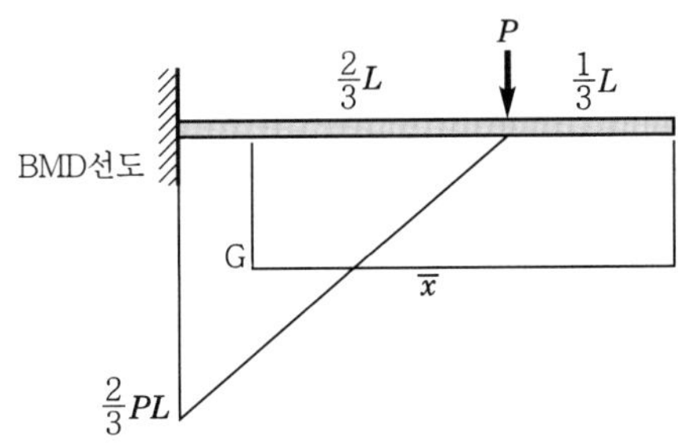

굽힘모멘트선도(BMD)를 활용한 면적모멘트법에서 처짐각 및 처짐량은 아래와 같이 구할 수 있다.

1) 처짐각: $\dfrac{A_m}{EI}$ [단, A_m: 굽힘모멘트선도의 면적]

2) 처짐량: $\dfrac{A_m}{EI}(\bar{x})$ [단, A_m: 굽힘모멘트선도의 면적]

A_m(삼각형 면적): $\frac{2}{3}L \times \frac{2}{3}PL \times \frac{1}{2} = \frac{4}{18}PL^2 = \frac{2}{9}PL^2$

$\bar{x}$: $\frac{1}{3}L + \frac{2}{3}L \times \frac{2}{3} = \frac{7}{9}L$

처짐량 $\frac{A_m}{EI}(\bar{x}) = \frac{\frac{2}{9}PL^2 \times \frac{7}{9}L}{EI} = \frac{14PL^3}{81EI} \therefore \frac{14}{81}$

08

정답 ②

Dalton의 분압 법칙: 혼합기체의 전체 압력은 각 성분의 분압의 합과 같다.

09

정답 ①

[깁스의 자유에너지의 변화량]

$\Delta G = \Delta H - T\Delta S$

$= (-8,000) - 300(-30) = 1,000\text{J} = 1\text{kJ}$

→ 깁스의 자유에너지 변화량이 양수라는 것은 그 반응계의 반응이 비자발적임을 의미한다.

자유에너지(G)

온도와 압력이 일정한 조건에서 화학 반응의 자발성 여부를 판단하기 위해 주위와 관계없이 계의 성질만으로 나타낸 것이다.

- 자발적 반응: $\Delta_{전체} > 0 \rightarrow \Delta G < 0$
- 평형 상태: $\Delta_{전체} = 0 \rightarrow \Delta G = 0$
- 비자발적 반응: $\Delta_{전체} < 0 \rightarrow \Delta G > 0$

[깁스의 자유에너지(깁스에너지)의 변화량]

깁스의 자유에너지(깁스에너지)의 변화량(ΔG) > 0: 역반응이 자발적이다.

깁스의 자유에너지(깁스에너지)의 변화량(ΔG) $= 0$: 반응 전후가 평형이다.

깁스의 자유에너지(깁스에너지)의 변화량(ΔG) < 0: 반응이 자발적이다.

10

정답 ③

자동차가 가지고 있던 운동에너지가 모두 운동을 방해하는 마찰력에 의한 마찰일로 전환되면서 점점 속도가 줄어 정지한 것이다. 즉, 운동에너지가 모두 마찰력에 의한 일로 변환된 것이다. "운동에너지 → 마찰력에 의한 일"이며 이를 수식으로 표현하면 아래와 같다.

$\frac{1}{2}mv^2 = fS$ [여기서, f: 마찰력, S: 이동거리]

→ $\frac{1}{2} \times 1000 \times 30^2 = f \times 90 \quad \therefore f = 5,000\text{N}$

11

정답 ④

운동량 보존 법칙을 활용한다.

운동량(P) = 질량(m)×속도(V)로 물체의 운동의 정도를 나타내는 수치화된 물리량이다. 즉, 운동량이 클수록 그 물체의 운동 정도(운동의 세기)는 크다는 것이다. 물리는 모든 것을 수치화하여 해석하기 쉽게 표현하는 것을 좋아하기 때문에 운동량이라는 것을 정의한 것이다.

충돌 전의 운동량 $= (60 \times 20) + (40 times 0) = 1{,}200\text{kg} \cdot \text{m/s}$

충돌 후의 운동량 $= (60 \times 0) + (40 \times V) = 40V$

운동량 보존 법칙: 충돌 전 후의 운동량의 합이 일정하다.

→ $1{,}200 = 40V$이므로 V는 30m/s가 도출된다.

수식으로는 저렇지만 당연히 생각해보면 질량 60kg인 선수의 운동량 1,200이 나중에는 0이 되었다. 그 운동량은 어디로 간 것일까? 바로 질량 40kg의 선수에게 전달된 것이다. 즉, 잃어버린 운동량이 전달된 것을 알 수 있다.

12

정답 ③

각운동량 보존 법칙을 활용한다.

피겨스케이팅 선수가 회전하는 묘기를 할 때, 팔을 안 쪽으로 굽히는 이유는 무엇일까?

그 선수는 "각운동량 보존법칙"을 이해하고 있는 것이다.

각운동량 $L = I\omega$ [여기서, I: 질량관성모멘트, ω: 각속도$\left(= \dfrac{2\pi N}{60}\right)$]

회전하는 물체가 회전 중심과의 거리가 가까워지면 각속도가 증가하므로 빠르게 회전하게 된다. 각운동량 보존 법칙 활용한다.

→ $L = I\omega = 5 \times \dfrac{2\pi(10)}{60}$

→ $L = I\omega = 2 \times \dfrac{2\pi N}{60}$

즉, 각운동량이 "보존"되므로 $50 = 2N$이 된다. 즉, N은 25rpm이 도출된다.

13

정답 ④

열역학 제2법칙은 에너지 전환의 방향성과 비가역을 명시하는 법칙이다.

그리고 열역학 제2법칙에 따르면 일은 열로 100% 전환이 가능하나, 열은 일로 100% 전환이 불가능하다. 다시 말하면, 공급된 열로 100% 일로 전환이 불가능하므로 열효율이 100%인 제2종 영구기관은 존재할 수 없다는 것을 의미한다(열역학 제2법칙에 따르면).

① 비가역을 명시하므로 반응계만을 봤을 때 계 안에서 비가역성이 존재한다면 엔트로피는 감소하지 않는다.

② 제2종 영구기관은 존재할 수 없다.

③ 에너지의 방향성을 명시하는 보기이므로 옳다. 에너지는 항상 에너지가 높은 곳에서 낮은 곳으로 이동하게 된다. 예를 들어 열은 고온체에서 저온체로 외부의 도움없이 스스로 이동하게 된다.

④ 단열팽창을 한다는 것은 외부에 부피가 팽창한만큼 일을 했다는 것이다. 즉, 일은 에너지고 에너지가 곧 일이니 일한만큼 기체 자신이 가지고 있던 에너지가 감소했을 것이다. 외부로 일한만큼 당연히 자기 에너지를 소모했기 때문이다. 기체가 가지고 있던 에너지는 기체분자의 운동에 의한 운동에너지와 기체 분자 간의 결합력을 나타내는 위치에너지의 총합을 의미한다. 만약, 보기의 기체가 이상기체라면 분자 간의 인력이 존재하지 않기 때문에 위치에너지는 고려하지 않아도 된다. 즉, 기체가 가지고 있는 에너지는 운동에너지이다. 유도해도 되지만 다음 식은 꼭 알고 있자! 기체의 내부에너지(U) $= \frac{3}{2}nRT = \frac{1}{2}mv^2$

즉, 위 식에 의거하여 기체의 내부에너지 온도에 비례한다. 자신이 가치고 있던 에너지를 일한만큼 소모했으므로 내부에너지가 감소할 것이고 이에 따라 온도가 감소할 것이다.

↑ 위는 열역학 제2법칙과 관련이 없다.

14

정답 ②

진동에서 진동수(주파수, f)는 $f = \frac{w_n}{2\pi}$이다.

진동수(f)와 주기(T)는 서로 역수의 관계를 가지므로 진동주기(T)는 $\frac{2\pi}{w_n}$이다.

고유각진동수(w_n)는 $\sqrt{\frac{k}{m}}$이므로 결국 진동주기(T)는 $2\pi\sqrt{\frac{m}{k}}$가 된다.

문제에서는 주기(T)가 2배인 $2T$가 되므로 4개를 직렬로 연결하여 등가스프링상수 값을 $k/4$로 만들어주면 주기가 $2T$가 됨을 알 수 있다.

[스프링 직렬/병렬 연결 시 등가스프링상수 구하는 방법]

• 직렬 연결: $\frac{1}{k_e} = \frac{1}{k_1} + \frac{1}{k_2} + \frac{1}{k_3} \cdots$ • 병렬 연결: $k_e = k_1 + k_2 + k_3 \cdots$

15

정답 ④

충격량(I, 역적): 물체의 충격 정도를 의미하는 물리량으로 백터값이다. 충격량(Ft)은 운동량의 변화량($\Delta P = m_2v_2 - m_1v_1$)이다. 처음 야구공이 오른쪽으로 +30 속도라면 다시 투수에게 되돌아 왔을 때는 −40이다. 이를 식으로 표현하면 아래와 같다.

$I = \Delta P = m_2v_2 - m_1v_1$이므로 $Ft = m_2v_2 - m_1v_1$이고 $F \times 0.002 = 0.2(-40-30) = -14$

F(힘) = 7,000N이 도출된다. (−)부호의 의미는 반대로 힘이 작용한다는 뜻이다.

16

정답 ②

물체가 액체 위에 떠 있는 경우(정지한 상태)는 중성부력으로 중력에 의한 물체의 무게와 부력이 서로 평형관계에 있다는 것을 의미한다. 즉, **물체의 무게 = 부력의 크기**

물체의 무게 = 질량 × 중력가속도 = 물체의 밀도 × 부피 × 중력가속도

부력 = 유체의 비중량 × 잠긴 부피 = 유체의 밀도 × 중력가속도 × 잠긴 부피

물체의 밀도 × 부피 × 중력가속도 = 유체의 밀도 × 중력가속도 × 잠긴 부피

→ 600 × 9.8 × 부피 = 800 × 9.8 × 잠긴 부피

즉, 잠긴부피/부피 = 0.75가 나온다. 다시 말해 잠긴 부피는 전체 부피의 75%라는 것을 의미한다. 따라서 액체 위로 드러나는 부분은 25%임을 알 수 있다.

17

정답 ②

원 궤도를 운동할 수 있게 유지시켜주는 힘이 구심력이다. 구심력이 곧 물체와 물체가 서로 잡아당기는 힘인 만유인력이다(구심력 = 만유인력).

$$m\frac{v^2}{R} = \frac{GMm}{R^2}$$

R은 물체와 물체 사이의 거리(지구 중심과 인공위성 중심 사이의 거리 $= 5R + R = 6R$)이다.

위의 식을 기반으로 속력 $v = \sqrt{\frac{GM}{R}}$ 로 도출된다.

속력이 2배가 되려면 위 식에서 궤도반지름(R)은 1/4배가 되어야 한다. 즉, 두 물체 사이의 거리 $6R$이 1/4배가 되어야 하므로 $\frac{3R}{2}$이 도출된다. 인공위성과 지표면 사이의 거리이므로 지구반지름 R을 빼주면,

$$\frac{3}{2}R - R = \frac{1}{2}R = 0.5R$$

18

정답 ④

ㄱ. 열은 항상 외부의 도움 없이 스스로 고온에서 저온으로 이동한다. 자연현상이며 에너지의 방향성을 명시하는 열역학 제2법칙과 관련이 있다.

ㄴ. 대류는 기체나 액체의 매질이 직접 움직이면서 열을 전달하는 현상이다.

ㄷ. 복사는 절대온도의 4제곱에 비례한다.

ㄹ. 전도는 고체 내부의 분자들이 열을 받아 진동함으로써 인접한 원자를 충돌하고 에너지를 받은 원자가 연속적으로 인접한 원자들을 연속 충돌시켜 열을 전달하는 방식이다.

ㅁ. 1cal는 물 1g의 온도를 14.5°C에서 15.5°C로 올리는 데 필요한 열의 양으로 정의된다.

19

정답 ②

기본적으로 물이 얼음으로 되려면 열을 방출해야 한다. 열을 방출한다는 것은 열(에너지)을 잃었다는 의미이다. 즉, 부호는 (−)이다.

엔트로피 변화량 $\Delta S = \frac{\delta Q}{T} = \frac{-Q}{T}$

즉, 엔트로피 변화량이 음수이므로 엔트로피는 계속 감소한다는 것을 알 수 있다.

20

정답 ④

열기관의 열효율 $\eta = 1 - \frac{T_2}{T_1} = 1 - \frac{200}{800} = 0.75 = 75\%$

열기관에서 일 $W = Q_1$(공급된 열) $- Q_2$(방출된 열)

$\eta = \frac{W}{Q_1}$이므로 $0.75 = \frac{Q_1 - Q_2}{Q_1} = 1 - \frac{Q_2}{Q_1} = 1 - \frac{1{,}000}{Q_1} \rightarrow Q_1 = 4{,}000\text{J}$이고

$W = Q_1 - Q_2 = 4{,}000 - 1{,}000 = 3{,}000\text{J}$

21

정답 ④

- **구상흑연주철에 첨가하는 원소**: Mg, Ca, Ce(마카세)
- **구상흑연주철의 조직**: 시멘타이트, 펄라이트, 페라이트(시펄 페버릴라!)
- **불소아이조직(소눈 조직)이 관찰되는 구상흑연주철**: 페라이트형 구상흑연주철

22

정답 ③

① 재결정이 발생하면 금속 내부에는 새로운 결정이 생긴다. 이 결정은 아주 작은 결정으로 무른 성질을 가지고 있으므로 연성은 증가하고 강도는 저하된다.

② 냉간가공은 재결정온도 이하에서 실시, 열간가공은 재결정온도 이상에서 실시하는 가공으로 그 기준이 되는 것은 재결정온도이다.

③ 텅스텐(W)의 재결정온도는 1,000~1,200°C, 금(Au)의 재결정온도는 200°C이다. 열량을 각각 투입하여 온도를 높이면 당연히 재결정온도가 낮은 금(Au)이 더 빠른 시간 내에 재결정온도에 도달하며 재결정이 이루어진다. 따라서 재결정온도가 낮을수록 재결정이 빨리 이루어지기 때문에 물렁한 상태가 되어 가공하기 용이해지는 것이다.

④ 재결정온도 이상으로 장시간 유지하면 작은 신결정들이 점점 성장하여 배열을 갖추게 되고 재질의 균일화가 일어난다.

✓ 각 금속들의 재결정온도 수치는 꼭 암기해야 한다. 재결정온도의 순서를 비교하는 문제, 재결정온도 그 자체를 물어보는 문제는 공기업 기계직 전공 시험에서 자주 출제되는 내용이다.

23

정답 ④

[부력]

- 부력은 아르키메데스의 원리이다.
- 물체가 밀어낸 부피만큼의 액체 무게라고 정의된다.
- 어떤 물체에 가해지는 부력은 그 물체가 대체한 유체의 무게와 같다.
- 어떤 물체가 유체 안에 있으면, 물체가 잠긴 부피만큼의 유체의 무게가 부력과 같다.
- 부력은 중력과 반대방향으로 작용(수직상방향의 힘)한다.
- 부력은 결국 대체된 유체의 무게와 같다.
- 어떤 물체가 물 위에 일부만 잠긴 채 떠 있는 상태라면 그 상태를 중성부력(부력=중력) 상태라고 한다. 따라서 일부만 잠긴 채 떠 있는 상태일 때에는 물체의 무게(Mg)와 부력의 크기는 동일하며 서로 방향만 반대이다.
- 부력이 생기는 이유는 유체의 압력차 때문에 생긴다. 구체적으로, 유체에 의한 압력은 $P=\gamma h$에 따라 깊이가 깊어질수록 커지게 된다. 즉, 한 물체가 물속에 있다면 상대적으로 깊은 부분과 얕은 부분(윗면과 아랫면)이 생긴다. 따라서 더 깊이 있는 부분이 더 큰 압력을 받아 위로 향하는 힘, 즉 부력이 생기게 된다.

✓ 부력 $=\gamma_{\text{액체}} V_{\text{잠긴 부피}}$

✓ 공기 중에서의 물체 무게 = 부력 + 액체 중에서의 물체 무게

24

정답 ②

$1\text{L} = 0.001\text{m}^3$

토리첼리의 정리를 사용한다.

즉, 구멍에서 분출되는 속도 $V=\sqrt{2gh}=\sqrt{2\times10\times0.8}=4\text{m/s}$

구멍의 단면적은 $10\text{cm}^2 = 10(10-4)\text{m}^2 = 10-3\text{m}^2$

연속방정식(질량보존의 법칙) $Q=AV$를 활용하자 !

$Q=AV=10^{-3}\times4=0.004\text{m}^3/\text{s}$의 체적유량이 도출된다. 즉, 구멍으로 1초당 0.004m^3의 물이 유입되고 있고 L로 변환하면 4L의 물이 1초당 유입되고 있음을 알 수 있다.

25

정답 ③

$Q=dU+W$ [단, $1\text{kcal}=4{,}180\text{J}$]

$5\text{kcal}=20{,}900\text{J}$

$20{,}900=dU+8{,}400$이므로 $dU=12{,}500\text{J}$

26

정답 ②

$Q = dU + PdV \rightarrow 190 = dU + 20$

$\therefore du = +170KJ$ (내부에너지의 변화가 +이므로 증가함을 알 수 있다)

[부호(+, −) 결정하는 방법]

열(Q)가 계에 공급됐을 때	열(Q)가 계에서 방출됐을 때	계가 외부로 일을 할 때	계가 외부로부터 일을 받을 때 / 소비일
+	−	+	−

27

정답 ③

응력-변형률(stress-strain) 선도로부터 구할 수 없는 대표적 3가지는 경도, 안전율(안전계수, S), 푸아송비(ν)이다.

28

정답 ②

[평벨트의 이음효율]

- 아교 이음(교착 이음, 접착제 이음): 75~90%
- 블랭킹 이음: 60~70%
- 엘리게이터 이음: 40~70%
- 리벳 이음: 50~60%
- 강선 이음(철사 이음): 60%
- 엘리게이터 이음: 40~70%
- 얽매기 이음(가죽끈 이음): 40~50%

29

정답 ②

열응력 $\sigma = E\alpha\Delta T$

[여기서, E: 종탄성계수, α: 선팽창계수, ΔT: 온도차]

30

정답 ③

$PV^n = \text{Constant}$

$n=\infty$	정적변화(isochoric)
$n=1$	등온변화(isothermal)
$n=0$	정압변화(isobaric)
$n=k$	단열변화(adiabatic)

31

정답 ④

① 전단응력: 부재의 경사단면에 평행하게 작용하는 응력
② 진응력: 재료를 인장시험할 때, 재료에 작용하는 하중을 변형 후의 단면적으로 나눈 응력
③ 인장응력: 부재에 인장하중이 작용했을 때 부재에 발생하는 응력
④ 공칭응력: 재료를 인장시험할 때, 재료에 작용하는 하중을 변형 전의 원래 단면적으로 나눈 응력

32

정답 ②

• 용접이음

[장점]

• 이음 효율(수밀성, 기밀성)을 100%까지 할 수 있다.
• 공정수를 줄일 수 있다.
• 재료를 절약할 수 있다.
• 경량화할 수 있다.
• 용접하는 재료에 두께 제한이 없다.
• 서로 다른 재질의 두 재료를 접합할 수 있다.

[단점]

• 잔류응력과 응력집중이 발생할 수 있다.
• 모재가 용접 열에 의해 변형될 수 있다.
• 용접부의 비파괴검사(결함검사)가 곤란하다.
• 진동을 감쇠시키기 어렵다.

[용접의 효율]

아래보기 용접에 대한 위보기 용접의 효율	80%
아래보기 용접에 대한 수평보기 용접의 효율	90%
아래보기 용접에 대한 수직보기 용접의 효율	95%
공장용접에 대한 현장용접의 효율	90%

• 리벳이음

[장점]

• 리벳이음은 잔류응력이 발생하지 않아 변형이 적다.
• 경합금처럼 용접하기 곤란한 금속을 이음할 수 있다.
• 구조물 등에서 현장 조립할 때는 용접이음보다 쉽다.

[단점]

• 길이 방향의 하중에 취약하다.
• 결합시킬 수 있는 강판의 두께에 제한이 있다.
• 강판 또는 형강을 영구적으로 접합하는 데 사용하는 이음으로 분해 시 파괴해야 한다.
• 체결 시 소음이 발생한다.
• 용접이음보다 이음 효율이 낮으며 기밀, 수밀의 유지가 곤란하다.

33

정답 ④

[체인의 특징]

- 동력을 전달하는 두 축 사이의 거리가 비교적 멀어 기어 전동이 불가능한 곳에 사용한다.
- 미끄럼이 없어 정확한 속도비를 얻을 수 있으며 큰 동력을 확실하고 효율적으로 전달할 수 있다(체인의 전동효율은 95% 이상이다. 참고로 V벨트의 전동효율은 90~95%이다).
- 접촉각은 90° 이상이다.
- 소음과 진동이 커서 고속회전에는 부적합하며 윤활이 필요하다.
- 링크의 수를 조절하여 길이 조정이 가능하며 다축 전동이 가능하다.
- 탄성변형으로 충격을 흡수할 수 있다.
- 유지보수가 용이하다.
- 내유성, 내습성, 내열성이 우수하다(열, 기름, 습기에 잘 견딘다).
- 초기장력을 줄 필요가 없어 정지 시 장력이 작용하지 않는다.
- 고른 마모를 위해 스프로킷 휠의 잇수는 홀수 개가 좋다.
- 체인의 링크 수는 짝수 개가 적합하며 옵셋 링크를 사용하면 홀수 개도 가능하다.
- 체인 속도의 변동이 있다(속도변동률이 있다).

34

정답 ④

ㄱ. 엔탈피(H)는 내부에너지(U)와 유동에너지(PV)의 합으로 표현된다.
$H = U + PV$

ㄴ. 가역과정일 때 엔트로피는 일정하며 비가역과정일 때 엔트로피의 총합은 항상 증가한다.

ㄷ. 엔트로피는 무질서도를 의미한다. 기체는 분자와 분자 사이의 거리가 멀고 분자의 운동 활발성이 크기 때문에 무질서하다. 즉, 일반적으로 기체상태가 액체상태보다 엔트로피가 크다.

ㄹ. 가역과정은 변화된 물질이 외부에 아무런 변화도 남기지 않고 스스로 처음 상태로 되돌아오는 과정이고, 비가역과정은 어떤 계가 열역학적 과정을 통해 상태가 변해서 원래와는 다른 상태가 되었을 때 그 계가 스스로 원래 상태로 돌아가지 않는 경우의 과정이다.

35

정답 ④

구성인선: 절삭 시에 발생하는 칩의 일부가 날 끝에 용착되어 마치 절삭날의 역할을 하는 현상

[구성인선의 발생 순서]

발생 → 성장 → 분열 → 탈락의 주기를 반복한다(발성분탈).

[구성인선의 특징]

- 칩이 날 끝에 점점 붙으면 날 끝이 커지기 때문에 끝단 반경은 점점 커지게 된다[칩이 용착되어 날 끝의 둥근 부분(노즈)가 커지므로].
- 구성인선이 발생하면 날 끝에 칩이 달라붙어 날 끝이 울퉁불퉁해지므로 표면을 거칠게 하거나 동력손실을 유발할 수 있다.
- 구성인선의 경도값은 공작물이나 정상적인 칩보다 상당히 크다.

- 구성인선은 공구면을 덮어 공구면을 보호하는 역할도 할 수 있다.
- 구성인선이 발생하지 않을 임계속도는 120m/min이다.
- 일감(공작물)의 변형경화지수가 클수록 구성인선의 발생 가능성이 크다.
- 구성인선을 이용한 절삭방법은 SWC이다. 칩은 은백색을 띠며 절삭저항을 줄일 수 있는 방법이다.

[구성인선의 방지법]
- 절삭 깊이가 크다면 깎여서 발생하는 칩과 공구의 접촉면적이 넓어지기 때문에 오히려 칩이 날 끝에 용착될 가능성이 더 커져 구성인선의 발생 가능성이 높아진다. 따라서 절삭 깊이를 작게 하여 공구와 칩의 접촉면적을 줄여 칩이 용착되는 가능성을 줄여 구성인선을 방지할 수 있다.
- 공구의 윗면 경사각을 크게 하여 칩을 얇게 절삭해야 용착되는 양이 적어진다. 따라서 구성인선을 방지할 수 있다.
- 30° 이상, 바이트의 전면 경사각을 크게 한다.
- 윤활성이 좋은 절삭유제를 사용한다.
- 고속으로 절삭한다. 고속으로 절삭하면 칩이 날 끝에 용착되기 전에 칩이 떨어져 나가기 때문이다.
- 절삭공구의 인선을 예리하게 한다.
- 마찰계수가 작은 공구를 사용한다.
- 120m/min 이상의 절삭속도로 가공한다.

참고

연삭숫돌의 자생과정의 순서인 "마멸 → 파괴 → 탈락 → 생성"(마파탈생)과 혼동하면 안 된다.

36

정답 ②

[열기관의 종류]
- **외연기관**: 실린더 밖에서 연료를 연소시키는 기관(증기기관, 증기터빈)
- **내연기관**: 실린더 안에서 연료를 연소시키는 기관(가솔린기관, 디젤기관, 제트기관, 석유기관, 로켓기관, 자동차 엔진)

37

정답 ③

- 제1종 영구기관: 물체가 외부에 일을 하면 일한 만큼 에너지가 감소하므로 외부에서 에너지를 공급받지 않고서는 계속 일을 할 수 없다. 따라서 제1종 영구 기관은 에너지 보존 법칙(열역학 제1법칙)에 위배되므로 제작이 불가능하다.
- 제2종 영구기관: 에너지 보존 법칙(열역학 제1법칙)에 위배되지 않지만 효율이 100%인 열기관은 만들 수 없다. 즉, 제2종 영구기관은 에너지 흐름의 방향성(열역학 제2법칙)에 위배되므로 제작이 불가능하다.

38

정답 ③

[주철의 특징]

- 일반적으로 주철의 탄소함유량은 2.11~6.68%C이다.
- 압축강도는 크지만 인장강도는 작다.
- 용융점이 낮기 때문에 녹이기 쉬우므로 주형틀에 녹여 흘려보내기 용이하여 유동성이 좋다. 따라서 주조성이 우수하며 복잡한 형상의 주물 재료로 많이 사용된다.
- 내마모성과 절삭성은 우수하지만 가공이 어렵다.
- 탄소강에 비하여 충격에 약하고 고온에서도 소성가공이 되지 않는다.
- 녹이 잘 생기지 않으며 마찰저항이 크고 값이 저렴하다.
- 탄소함유량이 많아 단단하므로 전연성이 작고 용접성이 불량하며 취성(메짐, 깨짐, 여림)이 크다.
- 주철 내의 흑연이 절삭유의 역할을 하기 때문에 절삭유를 사용하지 않는다.
- 주철 내의 흑연이 진동에너지를 흡수하기 때문에 감쇠능(진동을 흡수하는 성질)이 좋다.
- 용접, 단조가공, 담금질, 뜨임 등의 열처리 작업을 하기 어렵다.
- 공작기계의 베드, 기계구조물 등에 사용된다.
- 내식성은 있으나 내산성은 낮다.

참고

감쇠능: 진동을 흡수하여 열로서 소산시키는 흡수 능력을 말하며 내부 마찰이라고도 한다.

39

정답 ②

카르노 사이클, 스털링 사이클, 에릭슨 사이클은 모두 등온가열, 등온방열이지만, 브레이튼 사이클은 정압가열, 정압방열이다.

40

정답 ④

[금속의 결정구조]

	체심입방격자	면심입방격자	조밀육방격자
원자수	2	4	2
배위수	8	12	12
인접 원자수	8	12	12
충전율(채움율, 점유율)	68%	74%	74%

- **충전율**(APF, Atomic Packing Factor): 원자는 둥글기 때문에 공간을 꽉 채울 수 없다. 이때, 원자가 차지한 부분을 구하기 위한 값이다. 원자가 차지한 부피를 전체 부피로 나누어 구하며 이는 원자로 채워진 공간에서 원자가 차지하는 공간의 분율이다. 보통 원자 결정구조의 충전율을 구할 때 사용되며 이 값이 작으면 밀도가 낮으므로 결합에너지가 작다는 의미이다.

6회 실전 모의고사

1문제당 2.5점 / 점수 [   ]점

→ 정답 및 해설: p.156

01 다음 중 점도 μ와 동점도 v에 대한 설명으로 옳은 것을 모두 고른 것은? [다수 공기업 기출]

ㄱ. 공기의 점도는 온도가 증가하면 증가한다.
ㄴ. 물의 점도는 온도가 증가하면 감소한다.
ㄷ. 동점도의 단위는 m^2/s이다.
ㄹ. 점도의 단위는 $N/m \cdot s$이다.

① ㄱ, ㄴ, ㄷ
② ㄱ, ㄴ, ㄹ
③ ㄱ, ㄷ, ㄹ
④ ㄴ, ㄷ, ㄹ

02 한계게이지 중 플러그 게이지의 통과쪽과 정지쪽의 가공 치수로 가장 옳은 것은? [필수 중요 문제]

	통과쪽	정지쪽
①	축의 최대 허용치수	축의 최소 허용치수
②	축의 최소 허용치수	축의 최대 허용치수
③	구멍의 최대 허용치수	구멍의 최소 허용치수
④	구멍의 최소 허용치수	구멍의 최대 허용치수

03 1,000K 고온과 300K 저온 사이에서 작동하는 카르노사이클이 있다. 한 사이클 동안 고온에서 50kJ의 열을 받고 저온으로 30kJ의 열을 방출하면서 일을 발생시킨다. 한 사이클 동안 이 열기관의 손실일(lost work)은? [다수 공기업 기출]

① 5kJ
② 10kJ
③ 15kJ
④ 20kJ

04 반도체 기판으로 사용되며 단결정, 다결정, 비정질의 3종으로 사용되는 금속은? [출제 예상 문제]

① 텅스텐
② 크롬
③ 니켈
④ 규소

05 다이캐스팅에 대한 설명으로 가장 옳지 않은 것은? [필수 중요 문제]

① 쇳물을 금형에 압입하여 주조하는 방법이다.
② 매끄러운 표면과 높은 치수 정확도를 갖는 제품을 생산할 수 있다.
③ 장치비용이 비싸지만 공정이 많이 자동화되어 있어 대량 생산에 경제적이다.
④ 용탕이 금형 벽에서 느리게 식기 때문에 주물은 미세입자를 갖고, 중심부보다 강한 표면부를 형성한다.

06 펌프에 대한 설명으로 가장 옳지 않은 것은? [필수 중요 문제]

① 원심 펌프는 임펠러를 고속으로 회전시켜 양수 또는 송수한다.
② 터빈 펌프는 효율이 높아 비교적 높은 양정일 때 사용하는 원심 펌프이다.
③ 버킷 펌프(bucket pump)는 피스톤에 배수 밸브를 장치한 원심 펌프의 일종이다.
④ 벌류트 펌프(volute pump)는 날개차의 외주에 맴돌이형 실을 갖고 있는 펌프로 원심 펌프의 일종이다.

07 부품의 잔류응력에 대한 설명으로 가장 옳지 않은 것은? [필수 중요 문제]

① 부품 표면의 압축잔류응력은 제품의 피로수명 향상에 도움이 된다.
② 풀림처리(annealing)를 통해 잔류응력을 제거하거나 감소시킬 수 있다.
③ 부품 표면의 인장잔류응력은 부품의 피로수명과 피로강도를 저하시킨다.
④ 숏피닝(shot peening)이나 표면압연(surface rolling)을 통해 표면의 압축잔류응력을 제거할 수 있다.

08 연삭가공에 사용되는 숫돌의 경우 구성요소가 되는 항목을 표면에 표시하도록 규정하고 있다. 이 항목 중 숫자만으로 표시하는 항목은? [필수 중요 문제]

① 결합제
② 숫돌의 입도
③ 입자의 종류
④ 숫돌의 결합도

09 냉동기의 COP가 2이다. 저온부에서 1초당 5kJ의 열을 흡수할 때 고온부에서 방출하는 열량은? [다수 공기업 기출]

① 5.5kW
② 6.5kW
③ 7.5kW
④ 8.5kW

10 응력의 분포상태가 국부적인 곳에서 큰 응력이 발생하는 현상을 응력집중(stress concentration)이라 한다. 그림과 같이 작은 구멍이 있는 사각 평판에 인장하중이 작용할 때 단면상 응력이 가장 크게 발생하는 곳은? [단, 검은 점은 위치를 나타내기 위한 기호임] [출제 예상 문제]

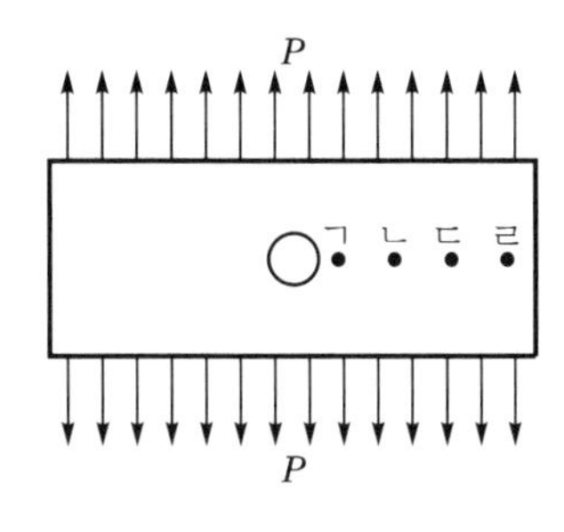

① ㄱ ② ㄴ ③ ㄷ ④ ㄹ

11 x면에 작용하는 수직응력 $\sigma_x = 100\text{MPa}$, y면에 작용하는 수직응력 $\sigma_y = 100\text{MPa}$, x방향의 단면에서 작용하는 y방향 전단응력 $\tau_{xy} = 20\text{MPa}$일 때, 주응력 σ_1, σ_2의 값[MPa]은? [다수 공기업 기출]

① 120MPa, 80MPa
② −100MPa, 300MPa
③ −300MPa, 500MPa
④ 220MPa, 180MPa

12 다음 중 (가)와 (나)에 해당하는 것을 순서대로 바르게 나열한 것은? [다수 공기업 기출]

> (가) 재료가 파단하기 전에 가질 수 있는 최대 응력
> (나) 0.05%에서 0.3% 사이의 특정한 영구변형률을 발생시키는 응력

① 항복강도, 극한강도
② 극한강도, 항복강도
③ 항복강도, 탄성한도
④ 극한강도, 탄성한도

13 습증기의 건도는 액체와 증기의 혼합물 질량에 대한 포화증기 질량의 비로 나타낸다. 어느 습증기 1kg의 건도가 0.6일 때, 이 습증기의 엔탈피의 값[kJ/kg]은? [단, 포화액체의 엔탈피는 500kJ/kg이며, 포화증기의 엔탈피는 2,000kJ/kg으로 계산한다.] [다수 공기업 기출]

① 1,200kJ/kg
② 1,400kJ/kg
③ 1,700kJ/kg
④ 2,300kJ/kg

14 기압계의 수은 눈금이 750mm이고, 중력 가속도 $g = 10\mathrm{m/s^2}$인 지점에서 대기압의 값[kPa]은? [단, 수은의 온도는 10°C이고, 이때의 밀도는 $10,000\mathrm{kg/m^3}$로 한다.] [다수 공기업 기출]

① 75kPa ② 150kPa ③ 300kPa ④ 750kPa

15 아주 매끄러운 원통관에 흐르는 공기가 층류유동일 때, 레이놀드수(Reynolds number)는 공기의 밀도, 점성계수와 어떤 관계에 있는가? [출제 예상 문제]

① 공기의 밀도와 점성계수 모두와 반비례 관계를 갖는다.
② 공기의 밀도와 점성계수 모두와 비례 관계를 갖는다.
③ 공기의 밀도에는 반비례하고, 점성계수에는 비례한다.
④ 공기의 밀도에는 비례하고, 점성계수에는 반비례한다.

16 압력이 600kPa, 비체적이 $0.1\mathrm{m^3/kg}$인 유체가 피스톤이 부착된 실린더 내에 들어 있다. 피스톤은 유체의 비체적이 $0.4\mathrm{m^3/kg}$이 될 때까지 움직이고, 압력은 일정하게 유지될 때 유체가 한 일의 값[kJ/kg]은? [단, 피스톤이 움직일 때 마찰은 없으며, 이 과정은 등압가역과정이라 가정한다.] [다수 공기업 기출]

① 60kJ/kg ② 120kJ/kg ③ 180kJ/kg ④ 240kJ/kg

17 다음의 설명에 해당하는 용접 방법으로 가장 옳은 것은? [필수 중요 문제]

- 원판 모양으로 된 전극 사이에 용접 재료를 끼우고, 전극을 회전시키면서 용접하는 방법이다.
- 기체의 기밀, 액체의 수밀을 요하는 관 및 용기 제작 등에 적용된다.
- 통전 방법으로 단속 통전법이 많이 쓰인다.

① 업셋 용접(upset welding) ② 프로젝션 용접(projection welding)
③ 스터드 용접(stud welding) ④ 심 용접(seam welding)

18 보통선반의 구조에 대한 설명으로 가장 옳지 않은 것은? [필수 중요 문제]

① 주축대: 공작물을 고정하며 회전시키는 장치
② 왕복대: 주축에서 운동을 전달 받아 이송축까지 전달하는 장치
③ 심압대: 공작물의 한 쪽 끝을 센터로 지지하는 장치
④ 베드: 선반의 주요 부분을 얹는 부분

19 다음에서 구성인선(BUE, Built-Up Edge)을 억제하는 방법에 해당하는 것을 옳게 짝지은 것은?

[다수 공기업 기출]

ㄱ. 절삭깊이를 깊게 한다.
ㄴ. 공구의 절삭각을 크게 한다.
ㄷ. 절삭속도를 빠르게 한다.
ㄹ. 칩과 공구 경사면상의 마찰을 작게 한다.
ㅁ. 절삭유제를 사용한다.
ㅂ. 가공재료와 서로 친화력이 있는 절삭공구를 선택한다.

① ㄴ, ㄹ, ㅁ ② ㄱ, ㄴ, ㄷ, ㄹ ③ ㄱ, ㄴ, ㄹ, ㅂ ④ ㄷ, ㄹ, ㅁ

20 다음에서 설명한 특징을 모두 만족하는 입자가공 방법으로 가장 옳은 것은? [필수 중요 문제]

- 원통 내면의 다듬질 가공에 사용된다.
- 회전 운동과 축방향의 왕복 운동에 의해 접촉면을 가공하는 방법이다.
- 여러 숫돌을 스프링/유압으로 가공면에 압력을 가한 상태에서 가공한다.

① 호닝(honing) ② 전해 연마(electrolytic polishing)
③ 버핑(buffing) ④ 숏 피닝(shot peening)

21 펌프 내 발생하는 공동현상을 방지하기 위한 방법으로 가장 옳지 않은 것은? [다수 공기업 기출]

① 펌프의 설치 위치를 낮춘다. ② 펌프의 회전수를 증가시킨다.
③ 단흡입 펌프를 양흡입 펌프로 만든다. ④ 흡입관의 직경을 크게 한다.

22 체인 전동의 특징에 대한 설명으로 가장 옳지 않은 것은? [다수 공기업 기출]

① 속비가 일정하며 미끄럼이 없다.
② 유지 및 수리가 어렵고 체인의 길이조절이 불가능하다.
③ 체인의 탄성에 의해 외부 충격을 어느 정도 흡수할 수 있다.
④ 초기 장력이 필요가 없어 작용 베어링에 예압이 거의 없다.

23 유량이 $0.5\text{m}^3/\text{s}$ 이고 유효낙차가 5m일 때 수차에 작용할 수 있는 최대동력에 가장 가까운 값[PS]은? [단, 유체의 비중량은 $1{,}000\text{kgf}/\text{m}^3$이다.]

[다수 공기업 기출]

① 15PS ② 24.7PS ③ 33.3PS ④ 40PS

24 **가공 재료의 표면을 다듬는 입자가공에 대한 설명으로 가장 옳지 않은 것은?** [다수 공기업 기출]

① 래핑(lapping)은 랩(lap)과 가공물 사이에 미세한 분말상태의 랩제를 넣고 이들 사이에 상대운동을 시켜 매끄러운 표면을 얻는 방법이다.
② 호닝(honing)은 주로 원통내면을 대상으로 한 정밀 다듬질 가공으로 공구를 축 방향의 왕복운동과 회전 운동을 동시에 시키며 미소량을 연삭하여 치수 정밀도를 얻는 방법이다.
③ 배럴가공(barrel finishing)은 회전 또는 진동하는 다각형의 상자 속에 공작물과 연마제 및 가공액 등을 넣고 서로 충돌시켜 매끈한 가공면을 얻는 방법이다.
④ 숏피닝(shot peening)은 정밀 다듬질된 공작물 위에 미세한 숫돌을 접촉시키고 공작물을 회전시키면서 축 방향으로 진동을 주어 치수 정밀도가 높은 표면을 얻는 방법이다.

25 **기어에서 이의 간섭이 발생하는 것을 방지하기 위한 방법으로 가장 옳지 않은 것은?** [다수 공기업 기출]

① 피니언의 잇수를 최소 치수 이상으로 한다.
② 기어의 잇수를 한계치수 이하로 한다.
③ 압력각을 크게 한다.
④ 기어와 피니언의 잇수비를 매우 크게 한다.

26 **냉동기에서 불응축가스가 발생하는 원인으로 옳지 못한 것은?** [2020 한국수력원자력 기출]

① 분해수리를 위해 개방한 냉동기 계통을 복구할 때 공기의 배출이 불충분하여 발생한다.
② 냉매 및 윤활유의 충진 작업 시에 공기가 침입하여 발생한다.
③ 오일 탄화 시 발생하는 오일의 증기로 인해 발생한다.
④ 흡입가스의 압력이 대기압 이상으로 올라가 저압부의 누설되는 개소에서 공기가 유입되어 발생한다.

27 **다음 중 주철에 대한 설명으로 옳은 것을 모두 고르면 몇 개인가?** [다수 공기업 기출]

- 많이 사용되는 주철의 탄소함유량은 보통 2.5~4.5% 정도이다.
- 회주철은 진동을 잘 흡수하므로 진동을 많이 받는 기계 몸체 등의 재료로 많이 사용된다.
- 주철은 탄소강보다 용융점이 높고 유동성이 커 복잡한 형상의 부품을 제작하기 쉽다.
- 탄소강에 비하여 충격에 약하고 고온에서도 소성가공이 되지 않는다.
- 가단주철은 보통주철의 쇳물을 금형에 넣고 표면만 급랭시켜 단단하게 만든 주철이다.

① 1개 ② 2개 ③ 3개 ④ 4개

28 알루미늄(Al)의 일반적 특징으로 옳지 못한 것은 모두 몇 개인가? [필수 중요 문제]

- 원료는 수반토 등을 주성분으로 하는 보크사이트 원광석을 주로 이용한다.
- 용융점은 약 660°C이며 면심입방격자(FCC)를 이룬다.
- 유동성이 작고 수축률이 큰 편이다.
- 염산, 황산 등에 강해서 산성물질의 보관용기의 재료로도 적합하다.

① 1개 ② 2개 ③ 3개 ④ 4개

29 연강재료에서 일반적으로 극한강도, 사용응력, 항복점, 탄성한도, 허용응력에 관한 크기 관계를 가장 적절히 표현한 것은? [다수 공기업 기출]

① 극한강도 > 사용응력 > 항복점
② 항복점 > 허용응력 > 사용응력
③ 사용응력 > 항복점 > 탄성한도
④ 극한강도 > 사용응력 > 허용응력

30 다음 중 뜨임에 관한 설명으로 옳은 것은? [다수 공기업 기출]

① 재질의 조직이 단단하게 굳어지는 것이다.
② 강을 표준상태로 만들기 위한 열처리로 강을 단련한 후, 오스테나이트의 단상이 되는 온도 범위에서 가열하고 대기 속에 방치하여 자연 냉각하여, 주조 또는 과열 조직을 미세화하고, 냉간가공 및 단조 등에 의한 내부응력을 제거하며, 결정조직, 기계 및 물리적 성질 등을 표준화시킨다.
③ 단조, 주조, 기계 가공으로 발생하는 내부 응력을 제거하며 상온 가공 또는 열처리에 의해 경화된 재료를 연화하기 위한 열처리이다.
④ 강을 담금질하면 경도는 커지는 반면 메지기 쉬우므로 이를 적당한 온도로 재가열했다가 강인성을 부여하고 내부응력을 제거하기 위해 실시하는 열처리이다.

31 다음 중 금속의 특징으로 옳은 것은 모두 몇 개인가? [다수 공기업 기출]

- 상온에서 고체이며, 고체 상태에서 결정구조를 갖는다. (단, 수은은 예외이다.)
- 전성 및 연성이 풍부하여 가공하기 쉽다.
- 금속특유의 광택을 지니며 빛을 잘 반사한다.
- 열 및 전기의 양도체이다.
- 비중 및 경도가 크며, 용융점이 높다.

① 2개 ② 3개 ③ 4개 ④ 5개

32 마그네슘 합금의 특징으로 옳지 못한 것은? [필수 중요 문제]

① 감쇠능이 주철보다 커서 소음방지 구조재로서 우수하다.
② 소성가공성이 높아 상온변형이 쉽다.
③ 주조용 합금은 Mg-Al 및 Mg-Zn 합금 등이 있다.
④ 가공용 합금은 Mg-Mn 및 Mg-Al-Zn 합금 등이 있다.

33 초소성 재료의 특징으로 옳지 못한 것은? [출제 예상 문제]

① 외력을 받았을 때 슬립 변형이 쉽게 일어난다.
② 초소성 재료는 낮은 응력으로 변형하는 것이 특징이다.
③ 초소성은 일정한 온도영역과 변형속도의 영역에서 나타난다.
④ 초소성 재료는 300~500% 이상의 연신율을 가질 수 없다.

34 회주철이 우수한 제진기능을 가지고 있는 이유로 가장 옳은 것은? [출제 예상 문제]

① 약한 인성
② 큰 압축강도
③ 흑연의 진동에너지 흡수
④ 깨지는 성질

35 선형 탄성재료로 된 균일 단면봉이 인장하중을 받고 있다. 선형 탄성범위 내에서 인장하중을 증가시켜 신장량을 2배로 늘리면 변형에너지는 몇 배가 되는가? [필수 중요 문제]

① 2
② 4
③ 8
④ 16

36 취성 재료의 분리 파손과 가장 잘 일치하는 이론은? [다수 공기업 기출]

① 최대 주응력설
② 최대 전단응력설
③ 총 변형 에너지설
④ 전단 변형 에너지설

37 펄라이트(pearlite) 상태의 강을 오스테나이트(austenite) 상태까지 가열하여 급랭할 경우 발생하는 조직은? [다수 공기업 기출]

① 시멘타이트(cementite)
② 마텐사이트(martensite)
③ 펄라이트(pearlite)
④ 베이나이트(bainite)

38 서로 맞물려 돌아가는 기어 A와 B의 피치원의 지름이 각각 100mm, 50mm이다. 이에 대한 설명으로 옳지 않은 것은? [필수 중요 문제]

① 기어 B의 전달 동력은 기어 A에 가해지는 동력의 2배가 된다.
② 기어 B의 회전각속도는 기어 A의 회전각속도의 2배이다.
③ 기어 A와 B의 모듈은 같다.
④ 기어 B의 잇수는 기어 A의 잇수의 절반이다.

39 표면경화를 위한 질화법(nitriding)을 침탄경화법(carburizing)과 비교하였을 때, 옳지 않은 것은? [다수 공기업 기출]

① 질화법은 침탄경화법에 비하여 경도가 높다.
② 질화법은 침탄경화법에 비하여 경화층이 얇다.
③ 질화법은 경화를 위한 담금질이 필요없다.
④ 질화법은 침탄경화법보다 가열 온도가 높다.

40 기어를 가공하는 방법에 대한 설명으로 옳지 않은 것은? [필수 중요 문제]

① 주조법은 제작비가 저렴하지만 정밀도가 떨어진다.
② 전조법은 전조공구로 기어소재에 압력을 가하면서 회전시켜 만드는 방법이다.
③ 기어모양의 피니언공구를 사용하면 내접기어의 가공은 불가능하다.
④ 호브를 이용한 기어가공에서는 호브공구가 기어축에 평행한 방향으로 왕복이송과 회전운동을 하여 절삭하며, 가공될 기어는 회전이송한다.

6회 실전 모의고사 정답 및 해설

01	①	02	④	03	④	04	④	05	④	06	③	07	④	08	②	09	③	10	①
11	①	12	②	13	②	14	①	15	④	16	③	17	④	18	②	19	④	20	①
21	②	22	②	23	③	24	④	25	④	26	④	27	③	28	①	29	②	30	④
31	④	32	②	33	④	34	③	35	②	36	①	37	②	38	①	39	④	40	③

01

정답 ①

액체	• 액체는 온도가 증가하면 응집력이 감소하여 점도가 감소한다. → 온도가 증가하면 분자와 분자 사이의 거리가 멀어지면서 인력이 감소하고 이에 따라 응집력이 감소하여 끈끈함(점도)가 작아진다.
	• 점도의 단위: $N \cdot s/m^2$ • $1poise = 0.1N \cdot s/m^2$
기체	• 기체는 온도가 증가하면 기체 분자들의 운동 활발성이 증가하여 분자들끼리 서로 충돌하며 운동량을 교환하면서 점도가 증가한다. → 온도가 증가하면 기체 분자들이 활발하게 운동하고, 그에 따라 서로 충돌하면서 운동량을 교환하게 되고 이에 따라 끈끈함(점도)가 증가한다.
	• 점도의 단위: $N \cdot s/m^2$ • $1poise = 0.1N \cdot s/m^2$

동점도(동점성계수)	
정의	단위
점도를 밀도로 나눈 값으로 정의된다.	• 동점도 단위: m^2/s • $1stokes = 1cm^2/s$

점도(점성) 관련 문제에서 이것은 실수하지 말자!

→ "유체는 온도가 증가하면 점도가 증가한다"

→ "유체는 온도가 증가하면 점도가 감소한다"

2가지 모두 틀린 보기이다.

유체는 액체나 기체를 총칭하여 부르는 말이다. 기체일 경우는 온도가 증가할수록 점도가 증가하고 액체일 경우는 온도가 증가할수록 점도가 감소하므로 유체의 온도가 증가하면 점도가 증가하는지 감소하는지 확정지을 수 없다. 반드시 점도 증감의 문제는 액체 또는 기체라고 분명하게 명시가 되어야만 성립한다는 것을 꼭 숙지하여 실수하지 않도록 하자.

02

정답 ④

• 한계게이지는 구멍용 한계게이지와 축용 한계게이지로 분류된다.
• 플러그 게이지는 구멍용 한계게이지에 속한다.

구멍용 한계게이지	• 구멍의 최소 허용치수를 기준으로 한 측정단면이 있는 부분을 통과측이라고 하며 구멍의 최대 허용치수를 기준으로 한 측정단면이 있는 부분을 정지측이라고 한다. • 종류: 원통형 플러그 게이지, 판형 플러그 게이지, 평게이지, 봉게이지
축용 한계게이지	• 축의 최대 허용치수를 기준으로 한 측정단면이 있는 부분을 통과측이라고 하며 축의 최소 허용치수를 한 측정단면이 있는 부분을 정지측이라고 한다. • 종류: 스냅게이지, 링게이지

테일러의 원리	통과측은 전 길이에 대한 치수 또는 결정량이 동시에 검사되고 정지측은 각각의 치수가 따로 검사되어야 한다. 즉, 통과측 게이지는 제품의 길이와 같은 원통상의 것이면 좋고 정지측은 그 오차의 성질에 따라 선택해야 한다.
아베의 원리	표준자와 피측정물은 동일축 선상에 있어야 오차가 작아진다.

[관련 문제]

정답 ③

다음 중 구멍용 한계게이지의 종류가 <u>아닌</u> 것은? [2020년 상반기 한국서부발전 기출]

① 판형 플러그 게이지 ② 평게이지 ③ 링게이지 ④ 원통형 플러그 게이지

03

정답 ③

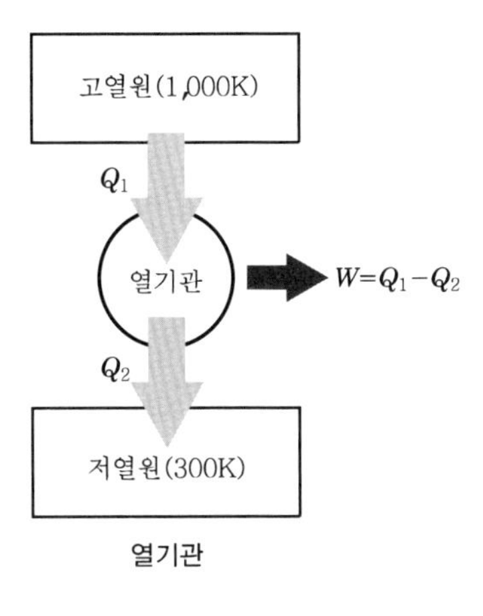

열기관

카르노 열기관의 효율

$$1-\frac{T_2}{T_1}=1-\frac{300\text{K}}{1000\text{K}}=0.7=70\%$$

• 공급열량 50kJ이 카르노 열기관에 공급되고 카르노 열기관 효율이 70%이므로 카르노 열기관이 외부로 한 이론적인 힘은 $50\text{kJ}\times0.7=35\text{kJ}$임을 알 수 있다.

• 문제에서 주어진 조건에 따라 출력(외부에 기관이 한 실제 일) = 공급일 − 방출일 = 50kJ − 30kJ = 20kJ이 도출된다.
• 이론적인 일 − 실제일 = 손실 일이므로 35KJ − 20KJ = 15KJ

참고

열효율과 열기관

[효율]
효율이란 공급된 에너지에 대한 유용하게 사용된 에너지의 비율, 즉 입력 대비 출력이다.

$$\text{열효율} = \frac{\text{출력}}{\text{입력}} \times 100\%$$

예 발전소의 열효율 = $\frac{\text{터빈일} - \text{펌프일}}{\text{보일러 공급열량}}$

여기서 입력이란 보일러에 공급한 열량이다. 석탄을 태워 보일러에 공급·입력시킨 에너지이기 때문이다. 출력은 공급한 열량으로 인해 과열증기가 발생하고 그것이 터빈 블레이드를 때려 동일축선상에 연결된 발전기가 돌아 생산된 전기, 즉 터빈 팽창일이 된다. 하지만 여기서 펌프를 구동시키려면 외부의 에너지, 즉 소비해야 하는 일이 필요하다. 따라서 펌프일을 빼줘야 한다.

[열기관]
연료를 연소시켜 발생한 열에너지를 일(역학적 에너지)로 바꾸는 장치

외연기관	• 실린더 밖에서 연료를 연소시키는 기관 • 종류: 증기기관, 증기터빈
내연기관	• 실린더 안에서 연료를 연소시키는 기관 • 종류: 가솔린기관, 디젤기관, 제트기관, 석유기관, 로켓기관, 자동차 엔진

→ 외연기관과 내연기관은 공기업 시험에 많이 출제되고 있다. 2020년 한국가스안전공사, 한국서부발전 등에서 "내연기관의 종류가 아닌 것은?" 또는 "외연기관의 종류가 아닌 것은?" 이런 식으로 출제가 되었다. 반드시 각 기관의 정의와 종류를 숙지하자.

[열기관의 열효율]

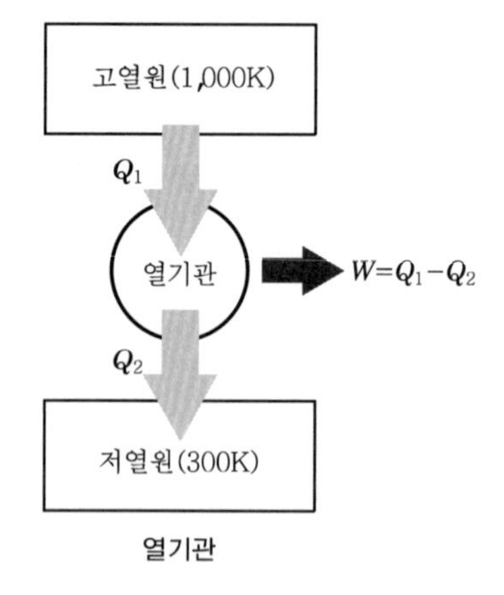

열기관

- 열기관에 공급된 열량 중 일로 전환된 비율로, 열기관의 열효율은 항상 1보다 작다.
- 열효율$= \frac{\text{한 일의양}}{\text{공급된 열량}} = \frac{W}{Q_1} = \frac{Q_1 - Q_2}{Q_1} = 1 - \frac{Q_2}{Q_1}$ [단, W(출력=일) $= Q_1 - Q_2$]
- 열기관에 공급된 Q_1에 비해 Q_2의 값이 작을수록 열기관의 효율이 높다.

04

정답 ④

[반도체에 사용되는 금속]

Si(규소)	Ce(세슘)	Ge(게르마늄)

암기법: 신세계

05

정답 ④

[다이캐스팅]

- 복잡하고 정밀한 모양의 금형에 용융된 마그네슘 또는 알루미늄 등의 합금을 가압 주입하여 주물을 만드는 주조방법
- 다이캐스팅 주조법에 의해 만들어진 제품은 매우 얇기 때문에 제품의 표면과 중심부의 강도는 서로 동일하다.

✓ 다이캐스팅에서 **가장 많이 틀린 보기로 나오는** 것은 다음과 같다.

→ 주로 철금속 주조에 사용된다. (×)

★ 주로 비철금속 주조에 사용된다.

→ 용융점이 높은 재료에 적용이 가능하다. (×)

★ 고온가압실식(납, 주석, 아연), 저온가압실식(알루미늄, 마그네슘, 구리) / 용융점이 낮은 재료에 적용이 가능하다.

06

정답 ③

버킷 펌프(bucket pump)는 피스톤에 배수 밸브를 장치한 왕복 펌프의 일종이다.

07

정답 ④

"숏피닝은 표면에 인장잔류응력을 발생시켜 피로한도와 피로수명을 향상시킨다." (틀린 보기)

★ 숏피닝은 표면에 **압축잔류응력**을 발생시켜 피로한도와 피로수명을 향상시킨다.

"반복하중이 작용하는 기계 부품의 수명을 향상시키기 위해 적용하는 보편적인 방법은?(공기업 반출 기출문제)"

[피로]

반복하중이 장시간 작용하면 재료는 파괴될 수 있다. 즉, 반복하중이 작용하는 기계 부품의 피로한도를 향상시켜 반복하중에 대한 영향을 억제해야 한다. 이를 위해 적용하는 보편적인 방법이 **"숏피닝"**이다.

08

정답 ②

[숫돌의 표시 방법]

숫돌입자	입도	결합도	조직	결합제
WA	46	K	m	V

[숫돌의 3요소]

- **숫돌입자:** 공작물을 절삭하는 말로 내마모성과 파쇄성을 가지고 있다.
- **가공:** 칩을 피하는 장소
- **결합체:** 숫돌입자를 고정시키는 접착제

알루미나(산화알루미나계_인조입자)	• A입자(암갈색, 95%): 일반강재(연강) • WA입자(흑자색, 99.5%): 담금질강(마텐자이트), 특수합금강, 고속도강
탄화규소계(SiC계_인조입자)	• C입자(흑자색, 97%): 주철, 비철금속, 도자기, 고무, 플라스틱 • GC입자(녹색, 98%): 초경합금
이 외의 인조입자	• B입자: 입장정 질화붕소(CBN) • D입자: 다이아몬드 입자
천연입자	• 사암, 석영, 에머리, 코런덤

결합도는 E3-4-4-4-나머지라고 암기하면 편하다. EFG, HIJK, LMNO, PQRS, TUVWXYZ 순으로 단단해진다. 즉 EFG(극힌 연함), HIJK(연함), LMNO(중간), PQRS(단단), TUVWXYZ(극힌 단단)! 입도는 입자의 크기를 체눈의 번호로 표시한 것으로, 번호는 Mesh를 의미하고 입도가 클수록 입자의 크기가 작다.

구분	거친 것	중간	고운 것	매우 고운 것
입도	10, 12, 14, 16, 20, 24	30, 36, 46, 54, 60	70, 80, 90, 100, 120, 150, 180	240, 280, 320, 400, 500, 600

위의 표는 암기해주는 것이 좋다. 설마 이런 것까지 알아야 되나 싶지만, **중앙공기업/지방공기업 다 출제되었다. 조직은 숫돌입자의 밀도, 즉 단위체적당 입자의 양을 의미한다. C은 치밀한 조직, m은 중간, W는 거친 조직을 의미한다. 꼭 암기하자.**

[경합체의 종류와 기호]

- **유기질 결합체:** R(레지노이드), E(셀락), B(레지노이드), PVA(비닐결합제), M(금속)

V	S	R	B	E	PVA	M
비트리파이드	실리케이드	고무	레지노이드	셀락	비닐결합제	메탈금속

암기법: you!(너) REB(랩) 해!

[숫돌의 자생작용]

마멸-파괴-탈락-생성의 순서를 거치며, 연삭 시 숫돌의 마모된 입자가 탈락하고 새로운 입자가 나타나는 현상이다. 숫돌의 자생작용과 가장 관련이 있는 것은 결합도이다. 너무 단단하며 자생작용이 발생하지 않아, 입자가 탈락하지 않고 마멸에 의해 납작해지는 현상인 글레이징(눈무딤)이 발생할 수 있다.

09

정답 ③

성적계수(COP) $= \frac{Q_2}{W} = \frac{Q_2}{Q_1 - Q_2}$ [단, $W = Q_1 - Q_2$]

[여기서, Q_2: 저온체로부터 흡수하는 열량, Q_1: 고온체로 방출하는 열량]

$\rightarrow 2 = \frac{5\text{kW}}{Q_1 - 5\text{kW}}$

단, 저온부에서 1초당 5kJ의 열을 흡수하므로 5kJ/s = 5kW가 된다.

$2(Q_1 - 5\text{kW}) = 5\text{kW}$이므로 $Q_1 = 7.5\text{kW}$

10

정답 ①

"응력이 가장 크게 발생하는 곳은?": 응력이 집중되는 곳은 어디인지를 물어보는 간단한 문제이다.

→ 구멍 근처, 모서리 부분, 단면이 급격하게 변하는 부분에서 응력이 집중된다. 따라서 구멍에서 가장 가까운 ㄱ에서 응력이 집중되며 가장 크게 발생하는 곳이므로 답은 1번으로 도출된다.

- 응력집중: 단면이 급격하게 변하는 부분, 모서리 부분, 구멍 부분에서 응력이 집중되는 현상
- 응력집중계수: $\alpha = \frac{\text{노치부의 최대응력}}{\text{단면부의 평균응력}}$

[응력집중 완화 방법]

- 필렛 반지름을 최대한 크게 하며 단면변화부분에 보강재를 결합한다.
- 축단부에 2~3단의 단부를 설치해 응력 흐름을 완만하게 한다.
- 단면변화부분에 숏피닝, 롤러압연처리, 열처리 등을 통해 응력집중부분을 강화시킨다.
- 테이퍼지게 설계하며, 체결부위에 체결수(리벳, 볼트)를 증가시킨다.

11

정답 ①

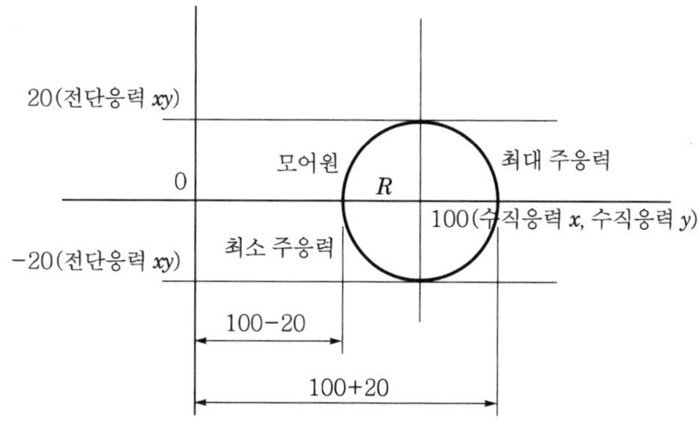

모어원의 반지름(R)은 20임을 바로 알 수 있다.

6회 실전 모의고사

- 최대주응력(σ_1)의 값은 위 그림에서 보는 것처럼 원점(0, 0)에서 모어원의 중심(100, 0)까지의 거리 100에다가 모어원의 반지름(R)만큼을 더해준 값이므로 $100+20=120$이 된다.
- 최소주응력(σ_2)의 값은 위 그림에서 보는 것처럼 원점(0, 0)에서 모어원의 중심(100, 0)까지의 거리 100에다가 모어원의 반지름(R)만큼을 빼준 값이므로 $100-20=80$이 된다.

✓ 공식을 암기해서 푸는 것보다 모어원을 그려 푸는 것이 훨씬 정확하며, 실수를 줄이고 빠르게 풀 수 있는 방법이다.

12

정답 ②

(가) **극한강도(인장강도=최대공칭응력)**: 재료가 파단하기 전에 가질 수 있는 최대 응력
(나) **항복강도**: 0.05%에서 0.3% 사이의 특정한 영구변형률을 발생시키는 응력

13

정답 ②

$h_x = h_L + x(h_V - h_L) = 500 + 0.6(2{,}000 - 500) = 1{,}400\text{kJ/kg}$

[여기서, h_x: 건도가 x인 습증기의 엔탈피, h_L: 포화액체의 엔탈피, h_V: 포화증기의 엔탈피]

14

정답 ①

$P = \rho g h = 10{,}000\text{kg/m}^3 \times 10\text{m/s}^2 \times 0.75\text{m} = 75{,}000\text{N/m}^2 = 75{,}000\text{Pa} = 75\text{kPa}$

15

정답 ④

레이놀즈수 $Re = \dfrac{\rho Vd}{\mu}$

밀도(ρ)에 비례하고, 점성계수(μ)에 반비례한다.

16

정답 ③

일(W)$=$힘(F)$\times$거리(S) [단, 힘(W)$=$압력(P)$\times$단면적(A)]

$W = PAS$ [단, $AS = V$(부피)], 즉 $W = PV$이므로

비체적의 변화$= 0.4\text{m}^3/\text{kg} - 0.1\text{m}^3/\text{kg} = 0.3\text{m}^3/\text{kg}$

$\therefore W = 600\text{kpa} \times 0.3\text{m}^3/\text{kg} = 180\text{kJ/kg}$

★ 문제에서 구하는 일의 단위가 kJ/kg, 즉 단위질량당 일을 물어보았기 때문에 비체적 대입한다.

17

정답 ④

[심 용접(seam welding)]

- 점용접의 업그레이드, 점용접을 연속적으로 하는 용접이다.
- 원판 모양으로 된 전극 사이에 용접 재료를 끼우고, 전극을 회전시키면서 용접하는 방법이다.
- 기체의 기밀, 액체의 수밀을 요하는 관 및 용기 제작 등에 적용된다.
- 통전 방법으로 단속 통전법이 많이 쓰인다.

18

정답 ②

[왕복대]

- 공구를 이송시키는 역할을 하며, 새들, 에이프런(자동이송기능, 나사절삭기능), 복식공구대, 공구대로 구성되어 있다.
- 왕복대는 베드 위에 설치된다.

19

정답 ④

[구성인선]

- 구성인선은 절삭 시에 발생하는 칩의 일부가 날 끝에 용착되어 마치 절삭날의 역할을 하는 현상이다.
- 구성인선은 발생 → 성장 → 분열 → 탈락의 주기를 반복한다(발성분탈).
  ★ 주의: 자생과정의 순서인 "마멸 → 파괴 → 탈락 → 생성(마파탈생)"과 혼동하면 안 된다.
- 칩이 날 끝에 점점 붙으면 날 끝이 커지기 때문에 끝단 반경은 점점 커지게 된다.
- 날 끝에 칩이 붙어 절삭날의 역할을 한다. 구성인선의 원인과 방지책은 암기가 아니고 이해해야 한다.
- 절삭 깊이가 크다면 깎여서 발생하는 칩과 공구의 접촉면적이 넓어지기 때문에 오히려 칩이 날 끝에 용착할 확률이 더 커져 구성인선의 발생 가능성이 더 커지게 된다. 따라서 절삭깊이를 작게 하여 공구와 칩의 접촉면적을 줄여 칩이 용착되는 가능성을 줄여 구성인선을 방지해야 한다.
- 공구의 윗면 경사각을 크게 하여 칩을 얇게 절삭해야 용착되는 양이 적어진다. 따라서 구성인선의 영향을 줄일 수 있다.
- 칩과 공구 경사면상의 마찰을 작게 한다.
- 절삭유제를 사용한다.
- 가공재료와 서로 친화력이 있는 절삭공구를 선택하면 칩이 공구 끝에 더 잘 붙으므로 친화력이 있으면 안 된다.

20

정답 ①

[호닝]
- 원통 내면의 다듬질 가공에 사용된다.
- 회전 운동과 축방향의 왕복 운동에 의해 접촉면을 가공하는 방법이다.
- 여러 숫돌을 스프링/유압으로 가공면에 압력을 가한 상태에서 가공한다.

참고
- **내면 구멍 가공 정밀도 높은 순서:** 호닝 > 리밍 > 보링 > 드릴링
- **표면 정밀도 높은 순서:** 래핑 > 슈퍼피니싱 > 호닝 > 연삭

21

정답 ②

[공동현상]
- 펌프와 흡수면 사이의 수직거리가 길 때 발생하기 쉽다.
- 침식 및 부식작용의 원인이 될 수 있다.
- 진동과 소음이 발생할 수 있다.
- 펌프의 회전수를 낮출 경우 공동현상 발생을 줄일 수 있다.
- 양흡입 펌프를 사용하면 공동현상 발생을 줄일 수 있다.
- 유속을 3.5m/s 이하로 설계하여 운전해야 공동현상을 방지할 수 있다.

22

정답 ②

[체인 전동]
체인을 스프로킷의 이에 하나씩 물려서 동력을 전달하는 기계요소로 간접전동장치이다. 마찰력으로 동력을 전달하는 것이 아닌, 기어처럼 맞물려서 동력을 전달하므로 미끄럼이 없어 정확한 속비를 얻을 수 있다.

[체인의 특징]
- 동력을 전달하는 두 축 사이의 거리가 비교적 멀어 기어 전동이 불가능한 곳에 사용한다.
- 미끄럼 없이 큰 동력을 확실하고 효율적으로 전달할 수 있다. 일반적으로 체인의 전동효율은 95% 이상이다. V벨트의 전동효율은 90~95%이다.
- 소음과 진동이 커서 고속 회전에는 부적합하다.
- 초기장력이 필요 없다. 다만, 벨트전동은 초기장력이 필요하다.
- 길이 조정이 가능하며 다축 전동이 가능하다. → 링크의 수만 조절하면 길이 조정이 가능하다.
- 탄성변형으로 충격을 흡수할 수 있다.
- 유지보수가 용이하다. → 예전 2016년 한국가스공사에서 체인의 특징으로 '유지보수가 어렵다'고 출제된 적이 있다.
- 내유성·내습성·내열성이 우수하다.

23

정답 ③

동력$(P) = \gamma QH$ [여기서, γ: 비중량, Q: 유량, H: 낙차/양정]

$P = 1{,}000 \times 9.8 \times 0.5 \times 5$ [단, 1kgf = 9.8이므로 N의 단위로 변환시켜 주기 위해 9.8을 곱함]

$P = 24{,}500\text{W} = 24.5\text{kW}$가 도출된다.

$1\text{kW} = 1.36\text{PS}$이므로 $24.5\text{kW} = 33.3\text{PS}$로 도출된다.

24

정답 ④

슈퍼피니싱: 정밀 다듬질된 공작물 위에 미세한 숫돌을 접촉시키고 공작물을 회전시키면서 축 방향으로 진동을 주어 치수 정밀도가 높은 표면을 얻는 방법

25

정답 ④

[이의 간섭]

기어전동에서 기어의 이 끝이 피니언의 이뿌리에 닿아 이뿌리를 파내어 기어의 회전이 되지 않는 현상

[이의 간섭을 방지하는 방법]

- 압력각을 크게(20° 이상) 한다.
- 기어의 이 높이를 줄인다.
- 기어의 잇수를 한계 잇수 이하로 감소시킨다.
- 피니언의 잇수를 최소 잇수 이상으로 증가시킨다.
- 기어와 피니언의 잇수비를 작게 한다.

26

정답 ④

[불응축가스가 발생하는 원인]

- 냉매 충진 전 계통 내의 진공이 불충분할 때
- 분해수리를 위해 개방한 냉동기 계통을 복구할 때 공기의 배출이 불충분할 때
- 냉매나 윤활유가 분해될 때
- 흡입가스의 압력이 대기압 이하로 내려가 저압부의 누설되는 개소에서 공기가 유입될 때
- 냉매나 윤활유의 충진 작업 시에 공기가 침입할 때
- 오일 탄화 시 발생하는 오일의 증기

27

정답 ③

칠드주철(냉경주철)은 보통주철의 쇳물을 금형에 넣고 표면만 급랭시켜 단단하게 만든 주철이다.

[주철의 특징]
- 일반적으로 주철의 탄소함유량은 2.11~6.68%C이다.
- 압축강도는 크지만 인장강도는 작다.
- 용융점이 낮기 때문에 녹이기 쉬우므로 주형 틀에 녹여 흘려보내기 용이하여 유동성이 좋다. 따라서 주조성이 우수하며 복잡한 형상의 주물 재료로 많이 사용된다.
- 내마모성과 절삭성은 우수하지만 가공이 어렵다.
- 녹이 잘 생기지 않으며 마찰저항이 크고 값이 저렴하다.
- 탄소함유량이 많아 단단하므로 전연성이 작고 용접성이 불량하며 취성(메짐, 깨짐, 여림)이 크다.
- 탄소강에 비하여 충격에 약하고 고온에서도 소성가공이 되지 않는다.
- 주철 내의 흑연이 절삭유의 역할을 하기 때문에 절삭유를 사용하지 않는다.
- 주철 내의 흑연이 진동에너지를 흡수하기 때문에 감쇠능(진동을 흡수하는 성질)이 좋다.
- 용접, 단조가공, 담금질, 뜨임 등의 열처리 작업을 하기 어렵다.
- 용도로는 공작기계의 베드, 기계구조물 등에 사용된다.
- 내식성은 있으나 내산성은 낮다.

※ 감쇠능: 진동을 흡수하여 열로서 소산시키는 흡수 능력을 말하며 내부 마찰이라고도 한다.

28

정답 ①

[알루미늄]
- 순도가 높을수록 연하며 변태점이 없다.
- 규소(Si) 다음으로 지구에 많이 존재하고 비중은 2.7이며 용융점은 660°C이다.
- 면심입방격자(FCC)이며 주조성이 우수하고 열과 전기전도율이 구리(Cu) 다음으로 우수하다.
- 내식성, 가공성, 전연성이 우수하다.
- 비강도가 우수하다. 그리고 표면에 산화막이 형성되므로 내식성이 우수하다.
- 공기 중에서 내식성이 좋지만, 산, 알칼리에 침식되며 해수에 약하다.
- 보크사이트 광석에서 추출된다.
- 순수한 알루미늄은 단단하지 않으므로 대부분 합금으로 만들어서 사용한다.
- 유동성이 작고 수축률이 크다.

29

정답 ②

[크기 순서]

극한강도(인장강도) $>$ 항복점 $>$ 탄성한도 $>$ 허용응력 $\geq$ 사용응력

30

정답 ④

① 담금질(Quenching, 소입): 재질의 조직이 단단하게 굳어지는 것이다.
② 불림(Normalizing, 소준): 강을 표준상태로 만들기 위한 열처리로 강을 단련한 후, 오스테나이트의 단상이 되는 온도 범위에서 가열하고 대기 속에 방치하여 자연 냉각(공기 중에서 냉각, 공냉)하여, 주조 또는 과열 조직을 미세화하고, 냉간가공 및 단조 등에 의한 내부응력을 제거하며, 결정조직, 기계 및 물리적 성질 등을 표준화시킨다.
③ 풀림(Annealing, 소둔): 단조, 주조, 기계 가공으로 발생하는 내부 응력을 제거하며 상온 가공 또는 열처리에 의해 경화된 재료를 연화하기 위한 열처리이다.
④ 뜨임(tempering, 소려): 강을 담금질하면 경도는 커지는 반면 메지기 쉬우므로 이를 적당한 온도로 재가열했다가 강인성을 부여하고 내부응력을 제거하기 위해 실시하는 열처리이다.

31

정답 ④

[금속의 특징]
- 수은을 제외하고 상온에서 고체이며 고체 상태에서 결정구조를 갖는다(수은은 상온에서 액체이다).
- 광택이 있고 빛을 잘 반사하며 가공성과 성형성이 우수하다.
- 연성과 전성이 우수하며 가공하기 쉽다.
- 열전도율, 전기전도율이 좋다(자유전자가 있기 때문).
- 열과 전기의 양도체이며 일반적으로 비중과 경도가 크며 용융점이 높은 편이다.
- 열처리를 하여 기계적 성질을 변화시킬 수 있다.
- 이온화하면 양(+)이온이 된다.
- 대부분의 금속은 응고 시 수축한다[단, 비스뮤트(Bi)와 안티몬(Sb)은 응고 시 팽창한다].

32

정답 ②

[마그네슘의 특징]
- 비중이 1.74로 실용금속 중에서 가장 가벼워 경량화 부품(자동차, 항공기) 등에 사용된다.
- 기계적 특성, 주조성, 내식성, 내구성, 절삭성(피삭성) 등이 우수하다.
- 용융점은 650℃이며 조밀육방격자(HCP)이다.
- 고온에서 발화하기 쉽다.
- 알칼리성에 저항력이 크다.
- 열전도율과 전기전도율은 알루미늄(Al), 구리(Cu)보다 낮다.
- 비강도가 우수하여 항공기 부품, 자동차 부품 등에 사용된다.
- 대기 중에서 내식성이 양호하지만 산이나 염류(바닷물)에는 침식되기 쉽다.
- 회주철보다 진동감쇠특성이 우수하다.
- 소성가공성이 좋지 못하다.

참고

비강도: 물질의 강도를 밀도로 나눈 값으로 같은 질량의 물질이 얼마나 강도가 센가를 나타내는 수치이다. 즉, 비강도가 높으면 가벼우면서도 강한 물질이라는 뜻이며 비강도의 단위는 $Pa \cdot m^3/kg$ 또는 $N \cdot m/kg$이다.

33

정답 ④

초소성이란 금속이 유리질처럼 늘어나는 특수현상을 말한다. 즉, 초소성 성질이 있는 합금인 초소성 합금은 파단에 이르기까지 수백 % 이상의 큰 신장률(연신율)을 얻을 수 있는 합금이다. 초소성 현상을 나타나는 재료는 공정 및 공석 조직을 나타내는 것이 많으며 Ti 및 Al계 초소성 합금이 항공기의 구조재로 사용되고 있다.

[초소성 합금의 종류와 최대 연신율]

- 비스뮤트(Bi): 1500%
- 합금코발트(Co): 850%
- 합금은(Ag): 500%
- 합금카드뮴(Cd) 합금: 350%

34

정답 ③

주철 내의 흑연이 진동에너지를 흡수하기 때문에 감쇠능(진동을 흡수하는 성질)이 좋다.

35

정답 ②

변형에너지$(U)=\frac{1}{2}P\lambda$ [여기서, P: 하중, λ(변형량)$=\frac{PL}{EA}$]

변형에너지$(U)=\frac{1}{2}P\lambda=\frac{P^2L}{2EA}$이 된다.

신장량(변형량)을 2배로 늘린다는 것은 λ(변형량)$=\frac{PL}{EA}$에서 하중(P)가 2배로 되어 $2P$가 되었다는 것을 의미한다. (문제에서 인장하중을 증가시켰다고 했고, 다른 조건은 언급이 되지 않았다)

변형에너지$(U)=\frac{1}{2}P\lambda=\frac{P^2L}{2EA}$에 P 대신 2배가 증가된 $2P$를 대입하면 변형에너지$(U)\propto P^2$이므로 4배가 됨을 알 수 있다.

36

정답 ①

최대주응력설	$\sigma_y=\tau_{\max}$	취성재료에 적용
최대변형률설	$\sigma_y=(1+\nu)\tau_{\max}$	연성재료에 적용
최대전단응력설	$\sigma_y=2\tau_{\max}$	연성재료에 적용
전단변형에너지설	$\sigma_y=\sqrt{3}\,\tau_{\max}$	연성재료에 적용
변형률에너지설	$\sigma_y=\sqrt{2(1+\nu)}\tau_{\max}$	연성재료에 적용

[단, σ_y: 항복응력]

37

정답 ②

[냉각방법에 따른 발생 조직]

급냉(물로 냉각)	유냉(기름으로 냉각)	노냉(노 안에서 냉각)	공냉(공기 중에서 냉각)
마텐자이트	트루스타이트	펄라이트	소르바이트

38

정답 ①

[기어 문제]

- 서로 맞물려 돌아가는 기어이므로 전달되는 동력은 동일하다.
- 서로 맞물려 돌아가는 기어이므로 모듈(m)은 같다.
- 속도비$(i) = \frac{N_2}{N_1} = \frac{D_1}{D_2} = \frac{Z_1}{Z_2}$의 식을 활용한다.
- 속도비$(i) = \frac{D_1}{D_2} = \frac{100}{50} = 2$가 도출되며 속도비$(i) = \frac{N_2}{N_1} = 2$에서 $N_2 = 2N_1$이 도출된다.
- 각속도$(\omega) = \frac{2\pi N}{60}$이므로 B(2)기어의 회전수가 A(1)기어의 회전수보다 2배 빠르므로 각속도도 B(2)기어가 2배 크다.
- 속도비$(i) = \frac{Z_1}{Z_2} = 2$에서 $Z_1 = 2Z_2$가 도출된다. 따라서 A(1)기어의 잇수가 B(2)기어의 잇수보다 2배 많다.

[보통 1이 큰 기어, 2가 작은 기어(피니언)을 말한다]

39

정답 ④

특성	침탄법	질화법
경도	질화법보다 낮음	침탄법보다 높음
수정여부	침탄 후 수정 가능	수정 불가
처리시간	짧음	긺
열처리	침탄 후 열처리 필요	열처리 불필요
변형	변형이 큼	변형이 작음
취성	질화층보다 여리지 않음	질화층부가 여림
경화층	질화법에 비해 깊음 (2~3mm)	침탄법에 비해 얇음 (0.3~0.7mm)
가열온도	900~950℃	500~550℃
시간과 비용	짧게 걸리고 저렴	오래 걸리고 비쌈 (침탄법보다 약 10배)

40

정답 ③

기어모양의 피니언공구를 사용하면 **내접기어의 가공**이 가능하다.

펠로즈 기어 셰이퍼	피니언 커터를 사용하여 내접기어를 절삭하는 공작기계
마그식 기어 셰이퍼	랙 커터를 사용하여 기어를 절삭하는 공작기계

Memo

Truth of Machine

PART

III

부 록

01 꼭 알아야 할 필수 내용

1 기계 위험점 6가지

① 절단점

회전하는 운동부 자체, 운동하는 기계 부분 자체의 위험점(날, 커터)

② 물림점

회전하는 2개의 회전체에 물려 들어가는 위험점(롤러기기)

③ 협착점

왕복 운동 부분과 고정 부분 사이에 형성되는 위험점(프레스, 창문)

④ 끼임점

고정 부분과 회전하는 부분 사이에 형성되는 위험점(연삭기)

⑤ 접선 물림점

회전하는 부분의 접선 방향으로 물려 들어가는 위험점(밸트－풀리)

⑥ 회전 말림점

회전하는 물체에 머리카락이나 작업봉 등이 말려 들어가는 위험점

2 기호

• 밸브 기호

기호	명칭	기호	명칭
	일반밸브		게이트밸브
	체크밸브		체크밸브
	볼밸브		글로브밸브
	안전밸브		앵글밸브
	팽창밸브		일반 콕

• 배관 이음 기호

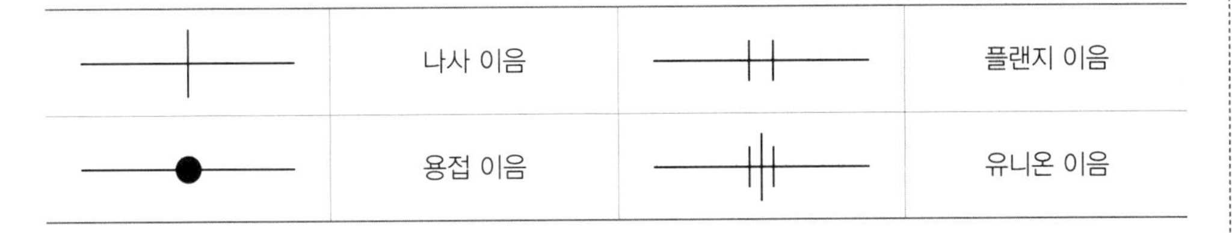

기호	명칭	기호	명칭
	나사 이음		플랜지 이음
	용접 이음		유니온 이음

3 신축 이음

관 속 유체의 온도 변화에 따라 배관이 열팽창 또는 수축하는데, 이를 흡수하기 위해 신축 이음을 설치한다. 따라서 직선 길이가 긴 배관에서는 배관의 도중에 일정 길이마다 신축 이음쇠를 설치한다.

❖ 신축 이음의 종류

① 슬리브형(미끄러짐형): 단식과 복식이 있고 물, 증기, 가스, 기름, 공기 등의 배관에 사용한다. 이음쇠 본체와 슬리브 파이프로 구성되어 있으며, 관의 팽창 및 수축은 본체 속을 미끄러지는 이음쇠 파이프에 의해 흡수된다. 특징으로는 신축량이 크고, 신축으로 인한 응력이 발생하지 않는다. 직선 이음으로 설치 공간이 작다. 배관에 곡선 부분이 있으면 신축 이음재에 비틀림이 생겨 파손의 원인이 된다. 장시간 사용 시 패킹재의 마모로 누수의 원인이 된다.

② 벨로우즈형(팩레스 이음): 벨로우즈의 변형으로 신축을 흡수한다. 설치 공간이 작고 자체 응력 및 누설이 없다는 특징이 있다. 보통 벨로우즈의 재질은 부식이 되지 않는 황동이나 스테인리스강을 사용한다. 고온 배관에는 부적당하다.

③ 루프형(신축 곡관형): 고온, 고압의 옥외 배관에 사용하는 신축 곡관으로 강관 또는 동관을 루프 모양으로 구부려 배관의 신축을 흡수한다. 즉, 관 자체의 가요성을 이용한 것이다. 설치 공간이 크고, 고온 고압의 옥외 배관에 많이 사용한다. 자체 응력이 발생하지만, 누설이 없다. 곡률 반경은 관경의 6배이다.

④ 스위블형: 증기, 온수 난방에 주로 사용하는 스위블형은 2개 이상의 엘보를 사용하여 이음부 나사의 회전을 이용해 신축을 흡수한다. 쉽게 설치할 수 있고, 굴곡부에 압력이 강하게 생긴다. 신축성이 큰 배관에는 누설 염려가 있다.

⑤ 볼조인트형: 증기, 물, 기름 등의 배관에서 사용되는 볼조인트형은 볼조인트 신축 이음쇠와 오프셋 배관을 이용해서 관의 신축을 흡수한다. 2차원 평면상의 변위와 3차원 입체적인 변위까지 흡수하고, 어떤 형태의 변위에도 배관이 안전하고 설치 공간이 작다.

⑥ 플랙시블 튜브형: 가요관이라고 하며, 배관에서 진동 및 신축을 흡수한다. 구체적으로 플렉시블 튜브는 인청동 및 스테인리스강의 가늘고 긴 벨로즈의 바깥을 탄성력이 풍부한 철망, 구리망 등으로 피복하여 보강한 것으로, 배관 중 편심이 심하거나 진동을 흡수할 목적으로 사용된다.

❖ 신축 허용 길이가 큰 순서

루프형 > 슬리브형 > 벨로우즈형 > 스위블형

4 관 이음쇠 종류

① 관을 도중에서 분기할 때

Y배관, 티, 크로스티

② 배관 방향을 전환할 때

엘보, 밴드

③ 같은 지름의 관을 직선 연결할 때

소켓, 니플, 플랜지, 유니온

④ 이경관을 연결할 때

이경티, 이경엘보, 부싱, 레듀셔

※ 이경관: 지름이 서로 다른 관과 관을 접속하는 데 사용하는 관 이음쇠

⑤ 관의 끝을 막을 때

플러그, 캡

⑥ 이종 금속관을 연결할 때

CM어댑터, SUS소켓, PB소켓, 링 조인트 소켓

수격 현상(워터 헤머링)

배관 속 유체의 흐름을 급히 차단시켰을 때 유체의 운동에너지가 압력에너지로 전환되면서 배관 내에 탄성파가 왕복하게 된다. 이에 따라 배관이 파손될 수 있다.

❖ 원인

- 펌프가 갑자기 정지될 때
- 급히 밸브를 개폐할 때
- 정상 운전 시 유체의 압력에 변동이 생길 때

❖ 방지

- 관로의 직경을 크게 한다.
- 관로 내의 유속을 낮게 한다(유속은 1.5~2m/s로 보통 유지).
- 관로에서 일부 고압수를 방출한다.
- 조압 수조를 관선에 설치하여 적정 압력을 유지한다.
  (부압 발생 장소에 공기를 자동적으로 흡입시켜 이상 부압을 경감한다.)
- 펌프에 플라이 휠을 설치하여 펌프의 속도가 급격하게 변화하는 것을 막는다.
  (관성을 증가시켜 회전수와 관 내 유속의 변화를 느리게 한다.)
- 펌프 송출구 가까이에 밸브를 설치한다.
  (펌프 송출구에 수격을 방지하는 체크밸브를 달아 역류를 막는다.)
- 에어챔버를 설치하여 축적하고 있는 압력에너지를 방출한다.
- 펌프의 속도가 급격히 변하는 것을 방지한다(회전체의 관성 모멘트를 크게 한다.).

공동 현상(캐비테이션)

펌프의 흡입측 배관 내의 물의 정압이 기존의 증기압보다 낮아져서 기포가 발생되는 현상으로, 펌프와 흡수면 사이의 수직 거리가 너무 길 때 관 속을 유동하고 있는 물속의 어느 부분이 고온일수록 포화 증기압에 비례하여 상승할 때 발생한다.

- 소음과 진동 발생, 관 부식, 임펠러 손상, 펌프의 성능 저하를 유발한다.
- 양정 곡선과 효율 곡선의 저하, 깃의 침식, 펌프 효율 저하, 심한 충격을 발생시킨다.

❖ 방지

- 실양정이 크게 변동해도 토출량이 과대하게 증가하지 않도록 주의한다.
- 스톱밸브를 지양하고, 슬루스밸브를 사용하며, 펌프의 흡입 수두를 작게 한다.
- 유속을 3.5m/s 이하로 유지시키고, 펌프의 설치 위치를 낮춘다.
- 마찰 저항이 작은 흡인관을 사용하여 흡입관 손실을 줄인다.
- 펌프의 임펠러 속도(회전수)를 작게 한다(흡입 비교 회전도를 낮춘다.).
- 펌프의 설치 위치를 수원보다 낮게 한다.
- 양흡입 펌프를 사용한다(펌프의 흡입측을 가압한다.).
- 관 내 물의 정압을 그때의 증기압보다 높게 한다.
- 흡입관의 구경을 크게 하며, 배관을 완만하고 짧게 한다.
- 펌프를 2개 이상 설치한다.
- 유압 회로에서 기름의 정도는 800ct를 넘지 않아야 한다.
- 압축 펌프를 사용하고, 회전차를 수중에 완전히 잠기게 한다.

7 맥동 현상(서징 현상)

펌프, 송풍기 등이 운전 중 한숨을 쉬는 것과 같은 상태가 되어 펌프인 경우 입구와 출구의 진공계, 압력계의 지침이 흔들리고 동시에 송출 유량이 변화하는 현상이다. 즉, 송출 압력과 송출 유량 사이에 주기적인 변동이 발생하는 현상이다.

❖ 원인

- 펌프의 양정 곡선이 산고 곡선이고, 곡선의 산고 상승부에서 운전했을 때
- 배관 중에 수조가 있을 때 또는 기체 상태의 부분이 있을 때
- 유량 조절 밸브가 탱크 뒤쪽에 있을 때
- 배관 중에 물탱크나 공기탱크가 있을 때

❖ 방지

- 바이패스 관로를 설치하여 운전점이 항상 우향 하강 특성이 되도록 한다.
- 우향 하강 특성을 가진 펌프를 사용한다.
- 유량 조절 밸브를 기체 상태가 존재하는 부분의 상류에 설치한다.
- 송출측에 바이패스를 설치하여 펌프로 송출한 물의 일부를 흡입측으로 되돌려 소요량만큼 전방으로 송출한다.

축 추력

단흡입 회전차에 있어 전면 측벽과 후면 측벽에 작용하는 정압에 차이가 생기기 때문에 축 방향으로 힘이 작용하게 된다. 이것을 축 추력이라고 한다.

❖ 축 추력 방지법

- 양흡입형의 회전차를 사용한다.
- 평형공을 설치한다
- 후면 측벽에 방사상의 리브를 설치한다.
- 스러스트베어링을 설치하여 축추력을 방지한다.
- 다단 펌프에서는 단수만큼의 회전차를 반대 방향으로 배열하여 자기 평형시킨다.
- 평형 원판을 사용한다.

9 증기압

어떤 물질이 일정한 온도에서 열평형 상태가 되는 증기의 압력

- 증기압이 클수록 증발하는 속도가 빠르다.
- 분자의 운동이 커지면 증기압이 증가한다.
- 증기 분자의 질량이 작을수록 큰 증기압을 나타내는 경향이 있다.
- 기압계에 수은을 이용하는 것이 적합한 이유는 증기압이 낮기 때문이다.
- 쉽게 증발하는 휘발성 액체는 증기압이 높다.
- 증기압은 밀폐된 용기 내의 액체 표면을 탈출하는 증기의 양이 액체 속으로 재침투하는 증기의 양과 같을 때의 압력이다.
- 유동하는 액체 내부에서 압력이 증기압보다 낮아지면 액체가 기화하는 공동 현상이 발생한다.
- 액체의 온도가 상승하면 증기압이 증가한다.
- 증발과 응축이 평형상태일 때의 압력을 포화증기압이라고 한다.

냉동 능력, 미국 냉동톤, 제빙톤, 냉각톤, 보일러 마력

① 냉동 능력

단위 시간에 증발기에서 흡수하는 열량을 냉동 능력[kcal/hr]

- 냉동 효과: 증발기에서 냉매 1kg이 흡수하는 열량
- 1냉동톤(냉동 능력의 단위): 0도의 물 1톤을 24시간 이내에 0도의 얼음으로 바꾸는 데 제거해야 할 열량 및 그 능력

② 1USRT

32°F의 물 1톤(2,000lb)을 24시간 동안에 32°F의 얼음으로 만드는 데 제거해야 할 열량 및 그 능력

- 1미국 냉동톤(USRT): 3,024kcal/hr

③ 제빙톤

25℃의 물 1톤을 24시간 동안에 −9℃의 얼음으로 만드는 데 제거해야 할 열량 또는 그 능력(열손실은 20%로 가산한다)

- 1제빙톤: 1.65RT

④ 냉각톤

냉동기의 냉동 능력 1USRT당 응축기에서 제거해야 할 열량으로, 이때 압축기에서 가하는 엔탈피를 860kcal/hr라고 가정한다.

- 1 CRT: 3,884kcal/hr

⑤ 1보일러 마력

100℃의 물 15.65kg을 1시간 이내에 100℃의 증기로 만드는 데 필요한 열량

- 100℃의 물에서 100℃의 증기까지 만드는 데 필요한 증발 잠열: 539kcal/kg
- 1보일러 마력: $539 \times 15.65 = 8435.35$kcal/hr

❖ 용빙조: 얼음을 약간 녹여 탈빙하는 과정

❖ 얼음의 융해열: 0℃ 물 → 0℃ 얼음 또는 0℃ 얼음 → 0℃ 물 (79.68kcal/kg)

열전달 방법

두 물체의 온도가 평형이 될 때까지 고온에서 저온으로 열이 이동하는 현상이 열전달이다.

전도

물체가 접촉되어 있을 때 온도가 높은 물체의 분자 운동이 충돌이라는 과정을 통해 분자 운동이 느린 분자를 빠르게 운동시킨다. 즉, 열이 물체 속을 이동하는 일이다. 결국 고체 속 분자들의 충돌로 열을 전달시킨다(열전도도 순서는 고체, 액체, 기체의 순으로 작게 된다.).

- 고체 물체 내에서 발생하는 유일한 열전달이며, 고체, 액체, 기체에서 모두 발생할 수 있다.
- 철봉 한쪽을 가열하면 반대쪽까지 데워지는 것을 전도라고 한다.
- 매개체인 고체 물질, 즉 매질이 있어야 열이 이동할 수 있다.
- $Q=KA\left(\frac{dT}{dx}\right)$ (단, x: 벽 두께, K: 열전도계수, dT: 온도차)

대류

물질이 열을 가지고 이동하여 열을 전달하는 것이다.

- 라면을 끓일 때 냄비의 물을 가열하는 것, 방 안의 공기가 뜨거워지는 것
- 액체 또는 기체 상태의 물질이 열을 받으면 운동이 빨라지고 부피가 팽창하여 밀도가 작아진다. 상대적으로 가벼워지면서 상승하고, 반대로 위에 있던 물질은 상대적으로 밀도가 커 내려오는 현상을 말한다. 즉, 대류의 원인은 밀도차이다.
- $Q=hA(T_w-T_f)$ (단, h: 열대류 계수, A: 면적, T_w: 벽 온도, T_f: 유체의 온도)

복사

전자기파에 의해 열이 매질을 통하지 않고 고온 물체에서 저온 물체로 직접 열이 전달되는 현상이다. 그리고 온도차가 클수록 이동하는 열이 크다.

- 액체나 기체라는 매질 없이 바로 열만 이동하는 현상
- 태양열이 대표적 예이며, 태양열은 공기라는 매질 없이 지구에 도달한다. 즉, 우주 공간은 공기가 존재하지 않지만 지구의 표면까지 도달한다.

❖ 보온병의 원리

- 열을 차단하여 보온병의 물질 온도를 유지시킨다. 즉, 단열이다(열 차단).
- 열을 차단하여 단열한다는 것은 전도, 대류, 복사를 모두 막는 것이다.

① 보온병 속 유리로 된 이중벽이 진공 상태를 유지하므로 대류로 인한 열 출입이 없다.
② 유리병의 고정 지지대는 단열 물질로 만들어져 있다.
③ 보온병 내부는 은도금을 하여 복사에 의한 열을 최대한 줄인다.
④ 보온병의 겉부분은 금속이나 플라스틱 재질로 열전도율을 최소화시킨다.
⑤ 보온병의 마개는 단열 재료로 플라스틱 재질을 사용한다.

12 무차원 수

레이놀즈 수	관성력 / 점성력	누셀 수	대류계수 / 전도계수
프루드 수	관성력 / 중력	비오트 수	대류열전달 / 열전도
마하 수	속도 / 음속, 관성력 / 탄성력	슈미트 수	운동량계수 / 물질전달계수
코시 수	관성력 / 탄성력	스토크 수	중력 / 점성력
오일러 수	압축력 / 관성력	푸리에 수	열전도 / 열저장
압력계 수	정압 / 동압	루이스 수	열확산계수 / 질량확산계수
스트라홀 수	진동 / 평균속도	스테판 수	현열 / 잠열
웨버 수	관성력 / 표면장력	그라쇼프스	부력 / 점성력
프란틀 수	소산 / 전도 운동량전달계수 / 열전달계수	본드 수	중력 / 표면장력

- 레이놀즈 수
  층류와 난류를 구분해 주는 척도(파이프, 잠수함, 관 유동 등의 역학적 상사에 적용)

- 프루드 수
  자유 표면을 갖는 유동의 역학적 상사 시험에서 중요한 무차원 수
  (수력 도약, 개수로, 배, 댐, 강에서의 모형 실험 등의 역학적 상사에 적용)

- 마하 수
  풍동 실험의 압축성 유동에서 중요한 무차원 수

- 웨버 수
  물방울의 형성, 기체–액체 또는 비중이 서로 다른 액체–액체의 경계면, 표면 장력, 위어, 오리피스에서 중요한 무차원 수

- 레이놀즈 수와 마하 수
  펌프나 송풍기 등 유체 기계의 역학적 상사에 적용하는 무차원 수

- 그라쇼프 수
  온도 차에 의한 부력이 속도 및 온도 분포에 미치는 영향을 나타내거나 자연 대류에 의한 전열 현상에 있어서 매우 중요한 무차원 수

- 레일리 수
  자연 대류에서 강도를 판별해 주거나 유체층 속에서 열대류가 일어나는지의 여부를 결정해 주는 매우 중요한 무차원 수

하중의 종류, 피로 한도, KS 규격별 기호

❖ 하중의 종류

① 사하중(정하중): 크기와 방향이 일정한 하중

② 동하중(활하중)
- 연행 하중: 일련의 하중(등분포 하중), 기차 레일이 받는 하중
- 반복 하중(편진 하중): 반복적으로 작용하는 하중
- 교번 하중(양진 하중): 하중의 크기와 방향이 계속 바뀌는 하중(가장 위험한 하중)
- 이동 하중: 작용점이 계속 바뀌는 하중(움직이는 자동차)
- 충격 하중: 비교적 짧은 시간에 갑자기 작용하는 하중
- 변동 하중: 주기와 진폭이 바뀌는 하중

❖ 피로 한도에 영향을 주는 요인

① **노치 효과**: 재료에 노치를 만들면 피로나 충격과 같은 외력이 작용할 때 집중응력이 발생하여 파괴되기 쉬운 성질을 갖게 된다.

② **치수 효과**: 취성 부재의 휨 강도, 인장 강도, 압축 강도, 전단 강도 등이 부재 치수가 증가함에 따라 저하되는 현상이다.

③ **표면 효과**: 부재의 표면이 거칠면 피로 한도가 저하되는 현상이다.

④ **압입 효과**: 노치의 작용과 내부 응력이 원인이며, 강압 끼워맞춤 등에 의해 피로 한도가 저하되는 현상이다.

❖ KS 규격별 기호

KS A	KS B	KS C	KS D
일반	기계	전기	금속
KS F	KS H	KS W	
토건	식료품	항공	

충돌

❖ 반발 계수에 대한 기본 정의

- 반발 계수: 변형의 회복 정도를 나타내는 척도이며, 0과 1 사이의 값이다.

- 반발 계수(e)$=\dfrac{\text{충돌 후 상대 속도}}{\text{충돌 전 상대 속도}}=-\dfrac{V_1'-V_2'}{V_1-V_2}=\dfrac{V_2'-V_1'}{V_1-V_2}$

(V_1: 충돌 전 물체 1의 속도, V_2: 충돌 전 물체 2의 속도
V_1': 충돌 후 물체 1의 속도, V_2': 충돌 후 물체 2의 속도)

❖ 충돌의 종류

- 완전 탄성 충돌($e=1$)
  충돌 전후 전체 에너지가 보존된다. 즉, 충돌 전후의 운동량과 운동에너지가 보존된다.
  (충돌 전후 질점의 속도가 같다.)

- 완전 비탄성 충돌(완전 소성 충돌, $e=0$)
  충돌 후 반발되는 것이 전혀 없이 한 덩어리가 되어 충돌 후 두 질점의 속도는 같다. 즉, 충돌 후 상대 속도가 0이므로 반발 계수가 0이 된다. 또한, 전체 운동량은 보존되지만, 운동에너지는 보존되지 않는다.

- 불완전 탄성 충돌(비탄성 충돌, $0<e<1$)
  운동량은 보존되지만, 운동에너지는 보존되지 않는다.

열역학 법칙

❖ 열역학 제0법칙 [열평형 법칙]

물체 A가 B와 서로 열평형 상태에 있다. 그리고 B와 C의 물체도 각각 서로 열평형 상태에 있다. 따라서 결국 A, B, C 모두 열평형 상태에 있다고 볼 수 있다.

❖ 열역학 제1법칙 [에너지 보존 법칙]

고립된 계의 에너지는 일정하다는 것이다. 에너지는 다른 것으로 전환될 수 있지만 생성되거나 파괴될 수는 없다. 열역학적 의미로는 내부 에너지의 변화가 공급된 열에 일을 빼준 값과 동일하다는 말과 같다. 열역학 제1법칙은 제1종 영구 기관이 불가능함을 보여준다.

❖ 열역학 제2법칙 [에너지 변환의 방향성 제시]

어떤 닫힌계의 엔트로피가 열적 평형 상태에 있지 않다면 엔트로피는 계속 증가해야 한다는 법칙이다. 닫힌계는 점차 열적 평형 상태에 도달하도록 변화한다. 즉, 엔트로피를 최대화하기 위해 계속 변화한다. 열역학 제2법칙은 제2종 영구 기관이 불가능함을 보여준다.

❖ 열역학 제3법칙

어떤 방법으로도 어떤 계를 절대 온도 0K로 만들 수 없다. 즉, 카르노 사이클 효율에서 저열원의 온도가 0K라면 카르노 사이클 기관의 열효율은 100%가 된다. 하지만 절대 온도 0K는 존재할 수 없으므로 열효율 100%는 불가능하다. 즉, 절대 온도가 0K에 가까워지면, 계의 엔트로피도 0에 가까워진다.

❖ 열역학 제4법칙

온사게르의 상반 법칙이라고 한다. 즉, 작용이 있으면 반작용이 있다는 것으로, 빛과 그림자에 대한 이야기를 말한다.

이 문제집을 풀면서 **열역학 법칙**에 관해 나온 모든 표현들을
꼭 이해하고 **암기**하길 바랍니다.

16 기타

❖ SI 기본 단위

차원	길이	무게	시간	전류	온도	몰질량	광도
단위	meter	kilogram	second	Ampere	Kelvin	mol	candella
표시	m	kg	s	A	K	mol	cd

❖ 단위의 지수

지수	10^{-24}	10^{-21}	10^{-18}	10^{-15}	10^{-12}	10^{-9}	10^{-6}	10^{-3}	10^{-2}	10^{-1}	10^{0}
접두사	yocto	zepto	atto	fento	pico	nano	micro	mili	centi	deci	
기호	y	z	a	f	p	n	μ	m	c	d	
지수	10^{1}	10^{2}	10^{3}	10^{6}	10^{9}	10^{12}	10^{15}	10^{18}	10^{21}	10^{24}	
접두사	deca	hecto	kilo	mega	giga	tera	peta	exa	zetta	yotta	
기호	da	h	k	M	G	T	P	E	Z	Y	

❖ 온도계의 예

현상	상태 변화	온도계 종류
복사 현상	열복사량	파이로미터(복사 온도계)
물질 상태 변화	물리적 및 화학적 상태	액정 온도계
형상 변화	길이 팽창, 체적 팽창	바이메탈, 이상기체, 유리막대 온도계
전기적 성질 변화	전기 저항 및 기전력	열전대, 서미스터, 저항 온도계

❖ 시스템의 종류

	경계를 통과하는 질량	경계를 통과하는 에너지 / 열과 일
밀폐계(폐쇄계)	×	○
고립계(절연계)	×	×
개방계	○	○

02 Q&A 질의응답

피복제가 정확히 무엇인가요?

용접봉은 심선과 피복제(Flux)로 구성되어 있습니다. 그리고 피복제의 종류는 가스 발생식, 반가스 발생식, 슬래그 생성식이 있습니다.

우선, 용접입열이 가해지면 피복제가 녹으면서 가스 연기가 발생하게 됩니다. 그리고 그 연기가 용접하고 있는 부분을 덮어 대기 중으로부터의 산소와 질소로부터 차단해 주는 역할을 합니다. 따라서 산화물 또는 질화물이 발생하는 것을 방지해 줍니다. 또한, 대기 중으로부터 차단하여 용접 부분을 보호하고, 연기가 용접입열이 빠져나가는 것을 막아 주어 용착 금속의 냉각 속도를 지연시켜 급냉을 방지해 줍니다.

그리고 피복제가 녹아서 생긴 액체 상태의 물질을 용제라고 합니다. 이 용제도 용접부를 덮어 대기 중으로부터 보호하기 때문에 불순물이 용접부에 함유되는 것을 막아 용접 결함이 발생하는 것을 막아 주게 됩니다.

불활성 가스 아크 용접은 아르곤과 헬륨을 용접하는 부분 주위에 공급하여 대기로부터 보호합니다. 즉, 아르곤과 헬륨이 피복제의 역할을 하기 때문에 용제가 필요 없는 것입니다.

※ 용가제: 용접봉과 같은 의미로 보면 됩니다.

※ 피복제의 역할: 탈산 정련 작용, 전기 절연 작용, 합금 원소 첨가, 슬래그 제거, 아크 안정, 용착 효율을 높인다, 산화·질화 방지, 용착 금속의 냉각 속도 지연 등

주철의 특징들을 어떻게 이해하면 될까요?

- 주철의 탄소 함유량 2.11~6.68%부터 시작하겠습니다.
- 탄소 함유량이 2.11~6.68% 이상이므로 용융점이 낮습니다. 우선 순철일수록 원자의 배열이 질서정연하기 때문에 녹이기 어렵습니다. 따라서 상대적으로 탄소 함유량이 많은 주철은 용융점이 낮아 녹이기 쉬워 유동성이 좋고, 이에 따라 주형 틀에 넣고 복잡한 형상으로 주조 가능합니다. 그렇기 때문에 주철이 주물 재료로 많이 사용되는 것입니다. 또한, 주철은 담금질, 뜨임, 단조가 불가능합니다. (암기: ㄷㄷㄷ ×)
- 탄소 함유량이 많으므로 강, 경도가 큰 대신 취성이 발생합니다. 즉, 인성이 작고 충격값이 작습니다. 따라서 단조 가공 시 헤머로 타격하게 되면 취성에 의해 깨질 위험이 있습니다. 또한, 취성이 있어 가공이 어렵습니다. 가공은 외력을 가해 특정한 모양을 만드는 공정이므로 주철은 외력에 의해 깨지기 쉽기 때문입니다.
- 주철 내의 흑연이 절삭유의 역할을 하므로 주철은 절삭유를 사용하지 않으며, 절삭성이 우수합니다.
- 압축 강도가 우수하여 공작기계의 베드, 브레이크 드럼 등에 사용됩니다.
- 마찰 저항이 우수하며, 마찰차의 재료로 사용됩니다.
- 위에 언급했지만, 탄소 함유량이 많으면 취성이 발생하므로 해머로 두들겨서 가공하는 단조는 외력을 가하는 것이기 때문에 깨질 위험이 있어 단조가 불가능합니다. 그렇다면 단조를 가능하게 하려면 어떻게 해야 할까요? 취성을 줄이면 됩니다. 즉 인성을 증가시키거나 재질을 연화시키는 풀림 처리를 하면 됩니다. 따라서 가단 주철을 만들면 됩니다. 가단 주철이란 보통 주철의 여리고 약한 인성을 개선하기 위해 백주철을 장시간 풀림처리하여 시멘타이트를 소실시켜 연성과 인성을 확보한 주철을 말합니다.

※ 단조를 가능하게 하려면 "가단[단조를 가능하게] 주철을 만들어서 사용하면 됩니다."

마찰차의 원동차 재질이 종동차 재질보다 연한 재질인 이유가 무엇인가요?

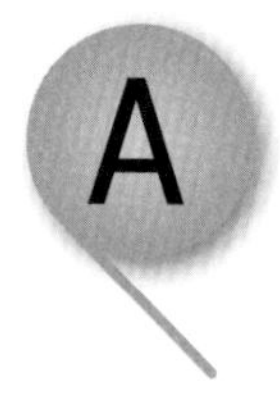

마찰차는 직접 전동 장치, 직접적으로 동력을 전달하는 장치입니다.
즉, 원동차는 모터(전동기)로부터 동력을 받아 그 동력을 종동차에 전달합니다.

마찰차의 원동차를 연한 재질로 설계를 해야 모터로부터 과부하의 동력을 받았을 때 연한 재질로써 과부하에 의한 충격을 흡수할 수 있습니다. 만약 경한 재질이라면, 흡수보다는 마찰차가 파손되는 손상을 입거나 베어링에 큰 무리를 주게 됩니다.

결국, 원동차를 연한 재질로 만들어 마찰계수를 높이고 위와 같은 과부하에 의한 충격 등을 흡수하게 됩니다.

또한, 연한 재질뿐만 아니라 마찰차는 이가 없는 원통 형상의 원판을 회전시켜 동력을 전달하는 것이기 때문에 미끄럼이 발생합니다. 이 미끄럼에 의해 과부하에 의한 다른 부분의 손상을 방지할 수도 있다는 점을 챙기면 되겠습니다.

마찰차에서 축과 베어링 사이의 마찰이 커서 동력 손실과 베어링 마멸이 큰 이유는 무엇인가요?

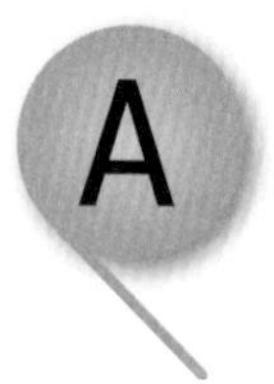

원동차에 연결된 모터가 원동차에 공급하는 에너지를 100이라고 가정하겠습니다. 마찰차는 이가 없이 마찰로 인해 동력을 전달하는 직접 전동 장치이므로 미끄럼이 발생하게 됩니다. 따라서 동력을 전달하는 과정 중에 미끄럼으로 인한 에너지 손실이 발생할텐데, 그 손실된 에너지를 50이라고 가정하겠습니다. 이 손실된 에너지 50이 축과 베어링 사이에 전달되어 축과 베어링 사이의 마찰이 커지게 되고 이에 따라 베어링에 무리를 주게 됩니다.

※ 이가 없는 모든 전동 장치들은 통상적으로 대부분 미끄럼이 발생합니다.
※ 이가 있는 전동 장치(기어 등)는 이와 이가 맞물리기 때문에 미끄럼 없이 일정한 속비를 얻을 수 있습니다.

로딩(눈메움) 현상에 대해 궁금합니다.

로딩이란 기공이나 입자 사이에 연삭 가공에 의해 발생된 칩이 끼는 현상입니다. 따라서 연삭 숫돌의 표면이 무뎌지므로 연삭 능률이 저하되게 됩니다. 이를 개선하려면 드레서 공구로 드레싱을 하여 숫돌의 자생 과정을 시켜 새로운 예리한 숫돌 입자가 표면에 나올 수 있도록 유도하면 됩니다. 그렇다면, 로딩 현상의 원인을 알아보도록 하겠습니다.

김치찌개를 드시고 있다고 가정하겠습니다. 너무 맛있게 먹었기 때문에 이빨 틈새에 고춧가루가 끼겠습니다. '이빨 사이의 틈새=입자들의 틈새'라고 보시면 됩니다.

이빨 틈새가 크다면 고춧가루가 끼지 않고 쉽게 통과하여 지나갈 것입니다. 하지만 이빨 사이의 틈새가 좁은 사람이라면, 고춧가루가 한 번 끼면 잘 빼지지도 않아 이쑤시개로 빼야 할 것입니다. 이것이 로딩입니다. 따라서 로딩은 조직이 미세하거나 치밀할 때 발생하게 됩니다. 또한, 원주 속도가 느릴 경우에는 입자 사이에 낀 칩이 잘 빠지지 않습니다. 원주 속도가 빨라야 입자 사이에 낀 칩이 원심력에 의해 밖으로 빠져나가 분리가 잘 되겠죠?

그리고 조직이 미세 또는 치밀하다는 것은 경도가 높다는 것과 동일합니다. 즉, 연삭 숫돌의 경도가 높을 때입니다. 실제 시험에서 공작물(일감)의 경도가 높을 때라고 보기에 나온 적이 있습니다. 틀린 보기입니다. 숫돌의 경도>공작물의 경도일 때 로딩이 발생하게 되니 꼭 알아두세요.

또한, 연삭 깊이가 너무 크다. 생각해 보겠습니다. 연삭 숫돌로 연삭하는 깊이가 크다면 일감 깊숙이 파고 들어가 연삭하므로 숫돌 입자와 일감이 접촉되는 부분이 커집니다. 따라서 접촉 면적이 커진만큼 숫돌 입자가 칩에 노출되는 환경이 훨씬 커집니다. 다시 말해 입자 사이에 칩이 낄 확률이 더 커진다는 의미와 같습니다.

글레이징(눈 무딤) 현상에 대해 궁금합니다.

글레이징이란 입자가 탈락하지 않고 마멸에 의해 납작해지는 현상을 말합니다. 입자가 탈락해야 자생 과정을 통해 예리한 새로운 입자가 표면으로 나올텐데, 글레이징이 발생하면 입자가 탈락하지 않아 자생 과정이 발생하지 않으므로 숫돌 입자가 무뎌져 연삭 가공을 진행하는 데 있어 효율이 저하됩니다.

그렇다면 글레이징의 원인은 어떻게 될까요? 총 3가지가 있습니다.

① 원주 속도가 빠를 때
② 결합도가 클 때
③ 숫돌과 일감의 재질이 다를 때(불균일할 때)

원주 속도가 빠르면 숫돌의 결합도가 상승하게 됩니다.
원주 속도가 빠르면 숫돌의 회전 속도가 빠르다는 것, 결국 빠르면 빠를수록 숫돌을 구성하고 있는 입자들은 원심력에 의해 밖으로 튕겨져 나가려고 할 것입니다. 이러한 과정이 발생하면서 입자와 입자들이 서로 밀착하게 되고, 이에 따라 조직이 치밀해지게 됩니다.
따라서 원주 속도가 빠르다 → 입자들이 치밀 → 결합도 증가

결합도는 자생 과정과 가장 관련이 있습니다. 자생 과정이란 입자가 무뎌지면 자연스럽게 입자가 탈락하고 벗겨지면서 새로운 입자가 표면에 등장하는 것입니다. 결합도가 크다면 연삭 숫돌이 단단하여 자생 과정이 잘 발생하지 않습니다. 즉, 입자가 탈락하지 않고 계속적으로 마멸에 의해 납작해져서 글레이징 현상이 발생하게 되는 것입니다.

열간 가공에 대한 특징이 궁금합니다.

열간 가공은 재결정 온도 이상에서 가공하는 것이기 때문에 재결정을 시키고 가공하는 것을 말합니다. 재결정을 시켰다는 것은 새로운 결정핵이 생성되었다는 것을 말합니다. 새로운 결정핵은 크기도 작고 매우 무른 상태이기 때문에 강도가 약합니다. 따라서 연성이 우수한 상태이므로 가공도가 커지게 되며 가공 시간이 빨라지므로 열간 가공은 대량 생산에 적합합니다.

또한, 새로운 결정핵(작은 미세한 결정)이 발생했다는 것 자체를 조직의 미세화 효과가 있다고 말합니다. 따라서 냉간 가공은 조직 미세화라는 표현이 맞고, 열간 가공은 조직 미세화 효과라는 표현이 맞습니다. 그리고 재결정 온도 이상으로 장시간 유지하면 새로운 신결정이 성장하므로 결정립이 커지게 됩니다. 이것을 조대화라고 보며, 성장하면서 배열을 맞추므로 재질의 균일화라고 표현합니다.

열간 가공이 냉간 가공보다 마찰계수가 큰 이유가 무엇인가요?

책에 동전을 올려두고 서서히 경사를 증가시킨다고 가정합니다. 어느 순간 동전이 미끄러질텐데, 이때의 각도가 바로 마찰각입니다. 열간 가공은 높은 온도에서 가공하므로 일감 표면이 산화가 발생하여 표면이 거칩니다. 따라서 동전이 미끄러지는 순간의 경사각이 더 클 것입니다. 즉, 마찰각이 크기 때문에 아래 식에 의거하여 마찰계수도 커지게 됩니다.

$\mu=\tan\rho$ (단, μ: 마찰계수, ρ: 마찰각)

영구 주형의 가스 배출이 불량한 이유는 무엇인가요?

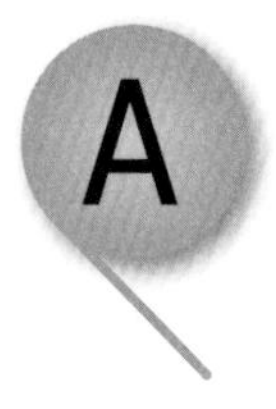

금속형 주형을 사용하기 때문에 표면이 차갑습니다. 따라서 급냉이 되므로 용탕에서 발생된 가스가 주형에서 배출되기 전에 급냉으로 인해 응축되어 가스 응축액이 생깁니다. 따라서 가스 배출이 불량하며, 이 가스 응축액이 용탕 내부로 흡입되어 결함을 발생시킬 수 있으며, 내부가 거칠게 되는 것입니다.

압축 잔류 응력이 피로 한도와 피로 수명을 증가시키는 이유가 무엇인가요?

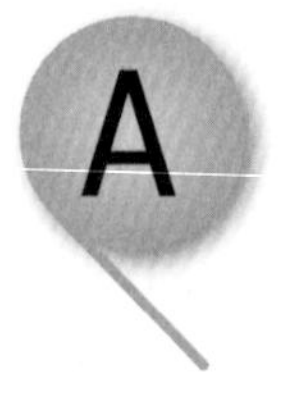

잔류 응력이란 외력을 가한 후 제거해도 재료 표면에 남아 있게 되는 응력을 말합니다. 잔류 응력의 종류에는 인장 잔류 응력과 압축 잔류 응력 2가지가 있습니다.

인장 잔류 응력은 재료 표면에 남아 표면의 조직을 서로 바깥으로 당기기 때문에 표면에 크랙을 유발할 수 있습니다.

반면에 압축 잔류 응력은 표면의 조직을 서로 밀착시키기 때문에 조직을 강하게 만듭니다. 따라서 압축 잔류 응력이 피로 한도와 피로 수명을 증가시킵니다.

숏피닝에서 압축 잔류 응력이 발생하는 이유는 무엇인가요?

숏피닝은 작은 강구를 고속으로 금속 표면에 분사합니다. 이때 표면에 충돌하게 되면 충돌 부위에 변형이 생기고, 그 강도가 일정 에너지를 넘게 되면 변형이 회복되지 않는 소성 변형이 일어나게 됩니다. 이 변형층과 충돌 영향을 받지 않는 금속 내부와 힘의 균형을 맞추기 위해 표면에는 압축 잔류 응력이 생성되게 됩니다.

냉각쇠의 역할, 냉각쇠를 주물 두께가 두꺼운 곳에 설치하는 이유, 주형 하부에 설치하는 이유는 각각 무엇인가요?

냉각쇠는 주물 두께에 따른 응고 속도 차이를 줄이기 위해 사용합니다. 어떤 주물을 주형에 넣어 냉각시키는 데 있어 주물 두께가 다른 부분이 있다면, 두께가 얇은 쪽이 먼저 응고되면서 수축하게 됩니다. 따라서 그 부분은 쇳물의 부족으로 인해 수축공이 발생하게 됩니다. 따라서 주물 두께가 두꺼운 부분에 냉각쇠를 설치하여 두꺼운 부분의 응고 속도를 증가시킵니다. 결국, 주물 두께 차이에 따른 응고 속도를 줄일 수 있으므로 수축공을 방지할 수 있습니다.

또한, 냉각쇠는 종류로는 핀, 막대, 와이어가 있으며, 주형보다 열흡수성이 좋은 재료를 사용합니다. 그리고 고온부와 저온부가 동시에 응고되도록 또는 두꺼운 부분과 얇은 부분이 동시에 응고되도록 하는 목적으로 설치하는 것임을 다시 설명드리겠습니다.

그리고 마지막으로 가장 중요한 것으로 냉각쇠(chiller)는 가스 배출을 고려하여 주형의 상부보다는 하부에 부착해야 합니다. 만약, 상부에 부착한다면 가스는 주형 위로 배출되려고 하다가 상부에 부착된 냉각쇠에 의해 빠르게 냉각되면서 응축하여 가스액이 되고, 그 가스액이 주물 내부로 떨어져 결함을 발생시킬 수 있습니다.

리벳 이음은 경합금과 같이 용접이 곤란한 접합에 유리하다고 알고 있습니다. 그렇다면 경합금이 용접이 곤란한 이유가 무엇인가요?

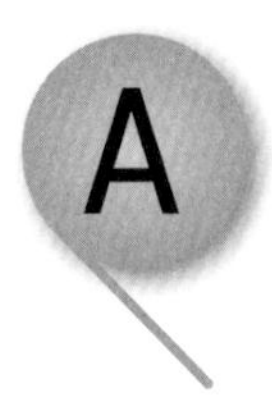

경합금은 일반적으로 철과 비교했을 때 열팽창 계수가 매우 큽니다. 그렇기 때문에 용접을 하게 된다면, 뜨거운 용접 입열에 의해 열팽창이 매우 크게 발생할 것입니다. 즉, 경합금을 용접하면 열팽창 계수가 매우 크기 때문에 열적 변형이 발생할 가능성이 큽니다. 따라서 경합금과 같은 재료는 용접보다는 리벳 이음을 활용해야 신뢰도가 높습니다.

그리고 한 가지 더 말씀드리면 알루미늄을 예로 생각해보겠습니다. 용접할 때 가열하면 금방 순식간에 녹아버릴 수 있습니다. 따라서 용접 온도를 적정하게 잘 맞춰야 하는데, 이것 또한 매우 어려운 일이므로 경합금과 같은 재료는 용접이 곤란합니다.

물론, 경합금이 용접이 곤란한 것이지 불가능한 것은 아닙니다. 노하우를 가진 숙련공들이 같은 용접 속도로 서로 반대 대칭되어 신속하게 용접하면 팽창에 의한 변형이 서로 반대에서 상쇄되므로 용접을 할 수 있습니다.

터빈의 단열 효율이 증가하면 건도가 감소하는 이유가 무엇인가요?

우선, 터빈의 단열 효율이 증가한다는 것은 터빈의 팽창일이 증가하는 것을 의미합니다.

T－S선도에서 터빈 구간의 일이 증가한다는 것은 2~3번 구간의 길이가 늘어난다는 것을 의미합니다. 길이가 늘어남에 따라 T－S선도 상의 면적은 증가하게 될 것입니다.

T－S선도에서 면적은 열량을 의미합니다. 보일러에 공급하는 열량은 일정하기 때문에 면적도 그 전과 동일해야 합니다.

2~3번 구간의 길이가 늘어나 면적이 늘어난 만큼, 열량이 동일해야 하므로 2~3번 구간은 좌측으로 이동하게 될 것입니다. 이에 따라 3번 터빈 출구점은 습증기 구간에 들어가 건도가 감소하게 되며, 습분이 발생하여 터빈 깃이 손상됩니다.

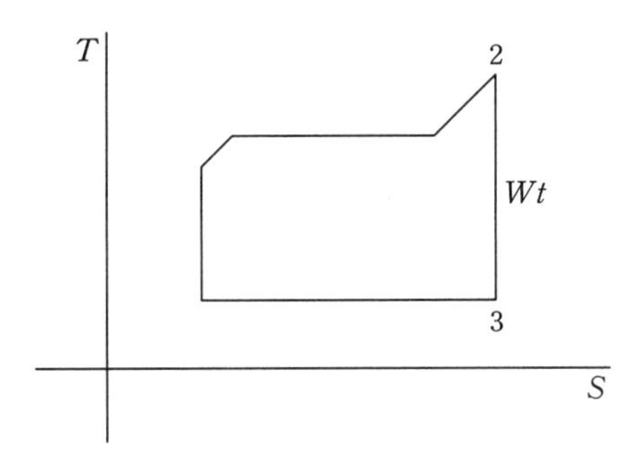

공기의 비열비가 온도가 증가할수록 감소하는 이유는 무엇인가요?

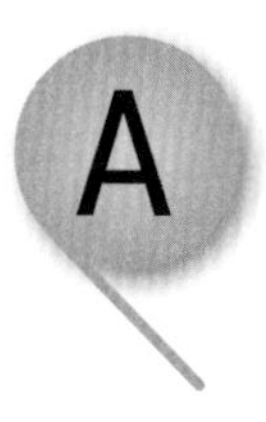

우선, 비열비=정압 비열/정적 비열입니다.
※ **정적 비열**: 정적하에서 완전 가스 1kg을 1℃ 올리는 데 필요한 열량

온도가 증가할수록 기체의 분자 운동이 활발해져 기체의 부피가 늘어나게 됩니다.

부피가 작은 상태보다 부피가 큰 상태일 때, 열을 가해 온도를 올리기가 더 어려울 것입니다. 따라서 동일한 부피하에서 1℃ 올리는 데 더 많은 열량이 필요하게 됩니다. 즉, 온도가 증가할수록 부피가 늘어나고 늘어난 만큼 온도를 올리기 어렵기 때문에 더 많은 열량이 필요하다는 것입니다. 이 말은 정적 비열이 증가한다는 의미입니다.

따라서 비열비는 정압 비열/정적 비열이므로 온도가 증가할수록 감소합니다.

정압 비열에 상관없이 상대적으로 정적 비열의 증가분에 의한 영향이 더 크다고 보시면 되겠습니다.

냉매의 구비 조건을 이해하고 싶습니다.

❖ 냉매의 구비 조건

① 증발 압력이 대기압보다 크고, 상온에서도 비교적 저압에서 액화될 것
② 임계 온도가 높고, 응고온도가 낮을 것, 비체적이 작을 것
★③ 증발 잠열이 크고, 액체의 비열이 작을 것(자주 문의되는 조건)
④ 불활성으로 안전하며, 고온에서 분해되지 않고, 금속이나 패킹 등 냉동기의 구성 부품을 부식, 변질, 열화시키지 않을 것
⑤ 점성이 작고, 열전도율이 좋으며, 동작 계수가 클 것
⑥ 폭발성, 인화성이 없고, 악취나 자극성이 없어 인체에 유해하지 않을 것
⑦ 표면 장력이 작고, 값이 싸며, 구하기 쉬울 것

③ 증발 잠열이 크고, 액체의 비열이 작을 것

우선 냉매란 냉동 시스템 배관을 돌아다니면서 증발, 응축의 상변화를 통해 열을 흡수하거나 피냉각체로부터 열을 빼앗아 냉동시키는 역할을 합니다. 구체적으로 증발기에서 실질적 냉동의 목적이 이루어집니다.

냉매는 피냉각체로부터 열을 빼앗아 냉매 자신은 증발이 되면서 피냉각체의 온도를 떨어뜨립니다. 즉, 증발 잠열이 커야 피냉각체(공기 등)으로부터 열을 많이 흡수하여 냉동의 효과가 더욱 증대되게 됩니다. 그리고 액체 비열이 작아야 응축기에서 빨리 열을 방출하여 냉매 가스가 냉매액으로 응축됩니다. 각 구간의 목적을 잘 파악하면 됩니다.

※ **비열**: 어떤 물질 1kg을 1℃ 올리는 데 필요한 열량
※ **증발 잠열**: 온도의 변화 없이 상변화(증발)하는 데 필요한 열량

펌프 효율과 터빈 효율을 구할 때, 이론과 실제가 반대인 이유가 무엇인가요?

$$\text{펌프 효율 } \eta_p = \frac{\text{이론적인 펌프일}(W_p)}{\text{실질적인 펌프일}(W_{p'})}$$

$$\text{터빈 효율 } \eta_t = \frac{\text{실질적인 터빈일}(W_{t'})}{\text{이론적인 터빈일}(W_t)}$$

우선, 효율은 100% 이하이기 때문에 분모가 더 큽니다.

① 펌프는 외부로부터 전력을 받아 운전됩니다.
이론적으로 펌프에 필요한 일이 100이라고 가정하겠습니다. 이론적으로는 100이 필요하지만, 실제 현장에서는 슬러지 등의 찌꺼기 등으로 인해 배관이 막히거나 또는 임펠러가 제대로 된 회전을 할 수 없을 때도 있습니다. 따라서 유체를 송출하기 위해서는 더 많은 전력이 소요될 것입니다. 즉, 이론적으로는 100이 필요하지만 실제 상황에서는 여러 악조건이 있기 때문에 100보다 더 많은 일이 소요되게 됩니다. 결국, 펌프의 효율은 위와 같이 실질적인 펌프일이 분모로 가게 되어 효율이 100% 이하로 도출되게 됩니다.

② 터빈은 과열 증기가 터빈 블레이드를 때려 팽창일을 생산합니다.
이론적으로는 100이라는 팽창일이 얻어지겠지만, 실제 상황에서는 배관의 손상으로 인해 증기가 누설될 수 있어 터빈 출력에 영향을 줄 수 있습니다. 이러한 이유 등으로 인해 실제 터빈일은 100보다 작습니다. 결국, 터빈의 효율은 위와 같이 이론적 터빈일이 분모로 가게 되어 효율이 100% 이하로 도출되게 됩니다.

체인 전동은 초기 장력을 줄 필요가 없다고 하는데, 그 이유가 무엇인가요?

우선 벨트 전동과 관련된 초기 장력에 대해 알아보도록 하겠습니다.

벨트 전동에서 동력 전달에 필요한 충분한 마찰을 얻기 위해 정지하고 있을 때 미리 벨트에 장력을 주고 이 상태에서 풀리를 끼웁니다. 이때 준 장력이 초기 장력입니다.

벨트 전동을 하기 전에 미리 장력을 줘야 탱탱한 벨트가 되고, 이에 따라 벨트와 림 사이에 충분한 마찰력을 얻어 그 마찰로 동력을 전달할 수 있습니다.

참고 초기 장력 $= \dfrac{T_t(\text{긴장측 장력}) + T_s(\text{이완측 장력})}{2}$

※ **유효 장력**: 동력 전달에 꼭 필요한 회전력

참고 유효 장력 $= T_t(\text{긴장측 장력}) - T_s(\text{이완측 장력})$

하지만 체인 전동은 초기 장력을 줄 필요가 없어 정지 시에 장력이 작용하지 않고 베어링에도 하중이 작용하지 않습니다. 그 이유는 벨트는 벨트와 림 사이에 발생하는 마찰력으로 동력을 전달하기 때문에 정지 시에 미리 벨트가 탱탱하도록 만들어 마찰을 발생시키기 위해 초기 장력을 가하지만 체인 전동은 스프로킷 휠과 링크가 서로 맞물려서 동력을 전달하기 때문에 초기 장력을 줄 필요가 없습니다. 따라서 동력 전달 방법의 방식이 다르기 때문입니다. 또한, 체인 전동은 스프로킷 휠과 링크가 서로 맞물려 동력을 전달하므로 미끄럼이 없고, 일정한 속비도 얻을 수 있습니다.

실루민이 시효 경화성이 없는 이유가 무엇인가요?

❖ 실루민

- Al-Si계 합금
- 공정 반응이 나타나고, 절삭성이 불량하며, 시효 경화성이 없다.

❖ 실루민이 시효 경화성이 없는 이유

일반적으로 구리(Cu)는 금속 내부의 원자 확산이 잘 되는 금속입니다. 즉, 장시간 방치해도 구리가 석출되어 경화가 됩니다. 따라서 구리가 없는 Al-Si계 합금인 실루민은 시효 경화성이 없습니다.

Tip 구리가 포함된 합금은 대부분 시효 경화성이 있다고 보면 됩니다.

※ 시효 경화성이 있는 것: 황동, 강, 두랄루민, 라우탈, 알드레이, Y합금 등

직류 아크 용접에서 자기 불림 현상이 발생하는 이유가 무엇인가요?

자기 불림(Arc blow)은 아크 쏠림 현상을 말합니다. 보통 직류 아크 용접에서 발생하는 현상입니다.

그 이유는 전류가 흐르는 도체 주변에는 용접 전류 때문에 아크 주위에 자계가 발생합니다. 이 자계가 용접봉에 비대칭 되어 아크가 특정한 한 방향으로 쏠리는 불안정한 현상이 자기 불림 현상입니다.

결국 자계가 용접 일감의 모양이나 아크의 위치에 관련하여 비대칭이 되어 아크가 특정한 한 방향으로 쏠려 불안정하게 됩니다.

간단하게 요약하자면, 자기 불림은 직류 아크 용접에서 많이 발생되며, 교류는 +, − 위 아래로 파장이 있어 아크가 한 방향으로 쏠리지 않습니다.

따라서 자기 불림 현상을 방지하려면 대표적으로 교류를 사용하면 됩니다.

지금까지 오픈 채팅방과 블로그를 통해 가장 많이 받았던 질문들로 구성하였습니다.
암기가 아닌 **이해**와 **원리**를 통해 공부하면 더욱더 재미있고
직무면접에서도 큰 도움이 될 것입니다!

03 3역학 공식 모음집

1 재료역학 공식

① 전단 응력, 수직 응력

$\tau=\frac{P_s}{A}$, $\sigma=\frac{P}{A}$ (P_s: 전단 하중, P: 수직 하중)

② 전단 변형률

$\gamma=\frac{\lambda_s}{l}$ (λ_s: 전단 변형량)

③ 수직 변형률

$\varepsilon=\frac{\Delta l}{l}$, $\varepsilon'=\frac{\Delta D}{D}$ (Δl: 세로 변형량, ΔD: 가로 변형량)

④ 푸아송의 비

$\mu=\frac{\varepsilon'}{\varepsilon}=\frac{\Delta l \cdot D}{l \cdot \Delta D}=\frac{1}{m}$ (m: 푸아송 수)

⑤ 후크의 법칙

$\sigma=E\times\varepsilon$, $\tau=G\times\gamma$ (E: 종탄성 계수, G: 횡탄성 계수)

⑥ 길이 변형량

$\lambda_s=\frac{P_s l}{AG}$, $\Delta l=\frac{Pl}{AE}$ (λ_s: 전단 하중에 의한 변형량, Δl: 수직 하중에 의한 변형량)

⑦ 단면적 변형률

$\varepsilon_A=2\mu\varepsilon$

⑧ 체적 변형률

$\varepsilon_v = \varepsilon(1-2\mu)$

⑨ 탄성 계수의 관계

$mE = 2G(m+1) = 3K(m-2)$

⑩ 두 힘의 합성

$F = \sqrt{F_1^2 + F_2^2 + 2F_1F_2 \cos\theta}$

⑪ 세 힘의 합성(라미의 정리)

$\frac{F_1}{\sin\theta_1} = \frac{F_2}{\sin\theta_2} = \frac{F_3}{\sin\theta_3}$

⑫ 응력 집중

$\sigma_{max} = \alpha \times \sigma_n$ (α: 응력 집중 계수, σ_n: 공칭 응력)

⑬ 응력의 관계

$\sigma_\omega \leq \sigma_\sigma = \frac{\sigma_u}{S}$ (σ_ω: 사용 응력, σ_σ: 허용 응력, σ_u: 극한 응력)

⑭ 병렬 조합 단면의 응력

$\sigma_1 = \frac{PE_1}{A_1E_1 + A_2E_2}$, $\sigma_2 = \frac{PE_2}{A_1E_1 + A_2E_2}$

⑮ 자중을 고려한 늘음량

$\delta_\omega = \frac{\gamma l^2}{2E} = \frac{\omega l}{2AE}$ (γ: 비중량, ω: 자중)

⑯ 충격에 의한 응력과 늘음량

$\sigma = \sigma_0\left\{1 + \sqrt{1 + \frac{2h}{\lambda_0}}\right\}$, $\lambda = \lambda_0\left\{1 + \sqrt{1 + \frac{2h}{\lambda_0}}\right\}$ (σ_0: 정적 응력, λ_0: 정적 늘음량)

⑰ 탄성 에너지

$u=\frac{\sigma^2}{2E}$, $U=\frac{1}{2}P\lambda=\frac{\sigma^2 Al}{2E}$

⑱ 열응력

$\sigma=E\varepsilon_{th}=E\times\alpha\times\Delta T$ (ε_{th}: 열변형률, α: 선팽창 계수)

⑲ 얇은 회전체의 응력

$\sigma_y=\frac{\gamma v^2}{g}$ (γ: 비중량, v: 원주 속도)

⑳ 내압을 받는 얇은 원통의 응력

$\sigma_y=\frac{PD}{2t}$, $\sigma_x=\frac{PD}{4t}$ (P: 내압력, D: 내경, t: 두께)

㉑ 단순 응력 상태의 경사면 전단 응력

$\tau=\frac{1}{2}\sigma_x\sin 2\theta$

㉒ 단순 응력 상태의 경사면 전단 응력

$\sigma_n=\sigma_x\cos^2\theta$

㉓ 2축 응력 상태의 경사면 전단 응력

$\tau=\frac{1}{2}(\sigma_x-\sigma_y)\sin 2\theta$

㉔ 2축 응력 상태의 경사면 수직응력

$\sigma_n{}'=\frac{1}{2}(\sigma_x+\sigma_y)+\frac{1}{2}(\sigma_x-\sigma_y)\cos 2\theta$

㉕ 평면 응력 상태의 최대, 최소 주응력

$\sigma_{1,2}=\frac{1}{2}(\sigma_x+\sigma_y)\pm\frac{1}{2}\sqrt{(\sigma_x-\sigma_y)^2+4\tau^2}$

㉖ 토크와 전단 응력의 관계

$$T=\tau\times Z_p=\tau\times\frac{\pi d^3}{16}$$

㉗ 토크와 동력과의 관계

$$T=716.2\times\frac{H}{N}\ [\mathrm{kg\cdot m}]$$ 단, H[PS]

$$T=974\times\frac{H'}{N}\ [\mathrm{kg\cdot m}]$$ 단, H'[kW]

㉘ 비틀림각

$$\theta=\frac{TL}{GI_p}\ [\mathrm{rad}]$$ (G: 횡탄성 계수)

㉙ 굽힘에 의한 응력

$$M=\sigma Z,\ \sigma=E\frac{y}{\rho},\ \frac{1}{\rho}=\frac{M}{EI}=\frac{\sigma}{Ee}$$ (ρ: 주름 반경, e: 중립축에서 끝단까지 거리)

㉚ 굽힘 탄성 에너지

$$U=\int\frac{M_x^2dx}{2EI}$$

㉛ 분포 하중, 전단력, 굽힘 모멘트의 관계

$$\omega=\frac{dF}{dx}=\frac{d^2M}{dx^2}$$

㉜ 처짐 곡선의 미분 방정식

$$EIy''=-M_x$$

㉝ 면적 모멘트법

$$\theta=\frac{A_m}{E},\ \delta=\frac{A_m}{E}\bar{x}$$

(θ: 굽힘각, δ: 처짐량, A_m: BMD의 면적, $\bar{x}$: BMD의 도심까지의 거리)

㉞ 스프링 지수, 스프링 상수

$C=\frac{D}{d}$, $K=\frac{P}{\delta}$ (D: 평균 지름, d: 소선의 직각 지름, P: 하중, δ: 처짐량)

㉟ 등가 스프링 상수

$\frac{1}{K_{eq}}=\frac{1}{K_1}+\frac{1}{K_2}$ ➡ 직렬 연결

$K_{eq}=K_1+K_2$ ➡ 병렬 연결

㊱ 스프링의 처짐량

$\delta=\frac{8PD^3n}{Gd^4}$ (G: 횡탄성 계수, n: 감김 수)

㊲ 3각 판스프링의 응력과 늘음량

$\sigma=\frac{6Pl}{nbh^2}$, $\delta_{\max}=\frac{6Pl^3}{nbh^3E}$ (n: 판의 개수, b: 판목, E: 종탄성 계수)

㊳ 겹판 스프링의 응력과 늘음량

$\eta=\frac{3Pl}{2nbh^2}$, $\delta_{\max}=\frac{3P'l^3}{8nbh^3E}$

㊴ 핵반경

원형 단면 $a=\frac{d}{8}$, 사각형 단면 $a=\frac{b}{6}$, $\frac{h}{6}$

㊵ 편심 하중을 받는 단주의 최대 응력

$\sigma_{\max}=\frac{P}{A}+\frac{M}{Z}$

㊶ 오일러(Euler)의 좌굴 하중 공식

$P_B=\frac{n\pi^2EI}{l^2}$ (n: 단말 계수)

㊷ 세장비

$\lambda = \frac{l}{K}$ (l: 기둥의 길이) $K = \sqrt{\frac{I}{A}}$ (K: 최소 회전 반경)

㊸ 좌굴 응력

$\sigma_B = \frac{P_B}{A} = \frac{n\pi^2 E}{\lambda^2}$

❖ 평면의 성질 공식 정리

	공식	표현	도형의 종류		
			사각형	중심축	중공축
단면 1차 모멘트	$\bar{y} = \frac{A_1 y_1 + A_2 y_2}{A_1 + A_2}$ $\bar{x} = \frac{A_1 x_1 + A_2 x_2}{A_1 + A_2}$	$Q_y = \int x dA$ $Q_x = \int y dA$	$\bar{y} = \frac{h}{2}$ $\bar{x} = \frac{b}{2}$	$\bar{y} = \bar{x} = \frac{d}{2}$	내외경 비 $x = \frac{d_1}{d_2}$ (d_1: 내경, d_2: 외경)
단면 2차 모멘트	$K_x = \sqrt{\frac{I_x}{A}}$ $K_y = \sqrt{\frac{I_y}{A}}$	$I_x = \int y^2 dA$ $I_y = \int x^2 dA$	$I_x = \frac{bh^3}{12}$ $I_y = \frac{bh^3}{12}$	$I_x = I_y$ $= \frac{\pi d^4}{64}$	$I_x = I_y$ $= \frac{\pi {d_2}^4}{64}(1 - x^4)$
극단면 2차 모멘트	$I_p = I_x + I_y$	$I_p = \int r^2 dA$	$I_p = \frac{bh}{12}(b^2 + h^2)$	$I_p = \frac{\pi d^4}{32}$	$I_p = \frac{\pi {d_2}^4}{32}(1 - x^4)$
단면 계수	$Z = \frac{M}{\sigma_b}$	$Z = \frac{I_x}{e_x}$	$Z_x = \frac{bh^2}{6}$ $Z_y = \frac{bh^2}{6}$	$Z_x = Z_y$ $= \frac{\pi d^3}{32}$	$Z_x = Z_y$ $= \frac{\pi {d_2}^3}{32}(1 - x^4)$
극단면 계수	$Z_p = \frac{T}{\tau_a}$	$Z_p = \frac{I_p}{e_p}$	–	$Z_p = \frac{\pi d^4}{16}$	$Z_p = \frac{\pi {d_2}^3}{16}(1 - x^4)$

❖ 보의 정리

보의 종류	반력	최대 굽힘 모멘트 M_{max}	최대 굽힘각 θ_{max}	최대 처짐량 δ_{max}
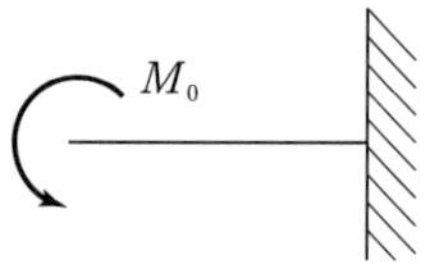 M_0	–	M_0	$\frac{M_0 l}{EI}$	$\frac{M_0 l^2}{2EI}$
 P	$R_b=P$	Pl	$\frac{Pl^2}{2EI}$	$\frac{Pl^3}{3EI}$
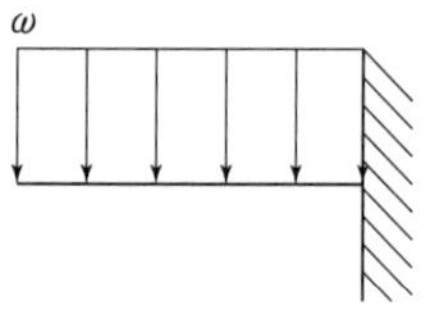 ω	$R_b=\omega l$	$\frac{\omega l^2}{2}$	$\frac{\omega l^3}{6EI}$	$\frac{\omega l^4}{8EI}$
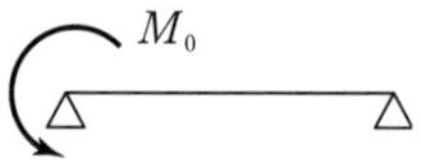 M_0	$R_a=R_b=\frac{M_0}{l}$	M_0	$\theta_A=\frac{M_0 l}{3EI}$ $\theta_B=\frac{M_0 l}{6EI}$	$x=\frac{l}{\sqrt{3}}$일 때 $\frac{M_0 l^2}{9\sqrt{3}EI}$
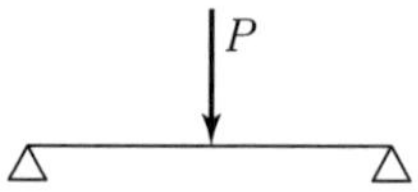 P	$R_a=R_b=\frac{P}{2}$	$\frac{Pl}{4}$	$\frac{Pl^2}{16EI}$	$\frac{Pl^3}{48EI}$
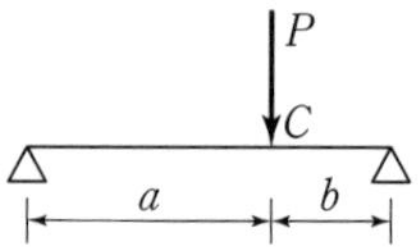 P, C, a, b	$R_a=\frac{Pb}{l}$ $R_b=\frac{Pa}{l}$	$\frac{Pab}{l}$	$\theta_A=\frac{Pab(l+b)}{6lEI}$ $\theta_B=\frac{Pab(l+a)}{6lEI}$	$\delta_c=\frac{Pa^2b^2}{3lEI}$
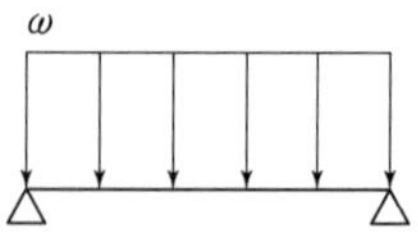 ω	$R_a=R_b=\frac{\omega l}{2}$	$\frac{\omega l^2}{8}$	$\frac{\omega l^3}{24EI}$	$\frac{5\omega l^4}{384EI}$
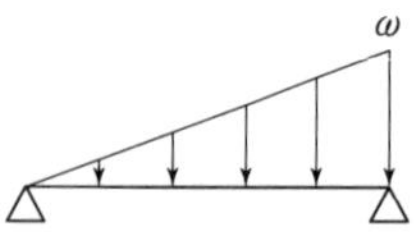 ω	$R_a=\frac{\omega l}{6}$ $R_b=\frac{\omega l}{3}$	$\frac{\omega l^2}{9\sqrt{3}}$	–	–

보의 종류	반력	최대 굽힘 모멘트 M_{max}	최대 굽힘각 θ_{max}	최대 처짐량 δ_{max}
P	$R_a=\frac{5P}{16}$ $R_b=\frac{11P}{16}$	$M_B=M_{max}$ $=\frac{3}{16}Pl$	–	–
ω	$R_a=\frac{3\omega l}{8}$ $R_b=\frac{5\omega l}{8}$	$\frac{9\omega l^2}{128}$, $x=\frac{5l}{8}$일 때	–	–
P, a, b	$R_a=\frac{Pb^2}{l^3}(3a+b)$	$M_A=\frac{Pb^2a}{l^2}$ $M_B=\frac{Pa^2b}{l^2}$	$a=b=\frac{l}{2}$일 때 $\frac{Pl^2}{64EI}$	$a=b=\frac{l}{2}$일 때 $\frac{Pl^3}{192EI}$
ω	$R_a=R_b=\frac{\omega l}{2}$	$M_a=M_b=\frac{\omega l^2}{12}$ 중간 단의 모멘트 $=\frac{\omega l^2}{24}$	$\frac{\omega l^3}{125EI}$	$\frac{\omega l^4}{384EI}$
ω, A, C, B	$R_a=R_b=\frac{3\omega l}{16}$ $R_c=\frac{5\omega l}{8}$	$M_c=\frac{\omega l^2}{32}$	–	–

2 열역학 공식

① 열역학 0법칙, 열용량

$Q=Gc\Delta T$ (G: 중량 또는 질량, c: 비열, ΔT: 온도차)

② 온도 환산

$$C=\frac{5}{9}(F-32)$$

$$T(\text{K})=T(℃)+273.15$$

$$T(\text{R})=T(\text{F})+460$$

③ 열량의 단위

1 kcal=3.968 BTU=2.205 CHU=4.1867 kJ

④ 비열의 단위

$$\left[\frac{1\ \text{kcal}}{\text{kg}\cdot ℃}\right]=\left[\frac{1\ \text{BTU}}{\text{Ib}\cdot ℉}\right]=\left[\frac{1\ \text{CHU}}{\text{Ib}\cdot ℃}\right]$$

⑤ 평균 비열, 평균 온도

$$C_m=\frac{1}{T_2-T_1}\int CdT,\ T_m=\frac{m_1C_1T_1+m_2C_2T_2}{m_1C_1+m_2C_2}$$

⑥ 일과 열의 관계

$Q=AW$ (A: 일의 열 상당량=1 kcal/427 kgf · m)

$W=JQ$ (J: 열의 일 상당량=$1/A$)

⑦ 동력과 열량과의 관계

1 Psh=632.3 kcal, 1 kWh=860 kcal

⑧ 열역학 1법칙의 표현

$$\delta q=du+Pdv=C_pdT+\delta W=dh+vdP=C_pdT+\delta Wt$$

⑨ 열효율

$$\eta=\frac{\text{정미 출력}}{\text{저위 발열량}\times\text{연료 소비율}}$$

⑩ 완전 가스 상태 방정식

$PV=mRT$ (P: 절대 압력, V: 체적, m: 질량, R: 기체 상수, T: 절대 온도)

⑪ 엔탈피

$H=U+pv=$내부 에너지+유동 에너지

⑫ 정압 비열(C_p), 정적 비열(C_v)

$$C_p=\frac{kR}{k-1},\ C_v=\frac{R}{k-1}$$

비열비 $k=\frac{C_p}{C_v}$, 기체 상수 $R=C_p-C_v$

⑬ 혼합 가스의 기체 상수

$$R=\frac{m_1R_1+m_2R_2+m_3R_3}{m_1+m_2+m_3}$$

⑭ 열기관의 열효율

$$\eta=\frac{\Delta Wa}{Q_H}=\frac{Q_H-Q_L}{Q_H}=1-\frac{T_L}{T_H}$$

⑮ 냉동기의 성능 계수

$$\varepsilon_r=\frac{Q_L}{W_C}=\frac{Q_L}{Q_H-Q_L}=\frac{T_L}{T_H-T_L}$$

⑯ 열펌프의 성능 계수

$$\varepsilon_H=\frac{Q_H}{W_a}=\frac{Q_H}{Q_H-Q_L}=\frac{T_H}{T_H-T_L}=1+\varepsilon_r$$

⑰ 엔트로피

$$ds=\frac{\delta Q}{T}=\frac{mcdT}{T}$$

⑱ 엔트로피 변화

$$\Delta S=C_V\ln\frac{T_2}{T_1}+R\ln\frac{V_2}{V_1}=C_P\ln\frac{T_2}{T_1}-R\ln\frac{P_2}{P_1}=C_P\ln\frac{V_2}{V_1}+C_V\ln\frac{P_2}{P_1}$$

⑲ 습증기의 상태량 공식

$v_x=v'+x(v''-v')$　　$h_x=h'+x(h''-h')$

$s_x=s'+x(s''-s')$　　$u_x=u'+x(u''-u')$

건도 $x=\frac{\text{습증기의 중량}}{\text{전체 중량}}$

(v', h', s', u': 포화액의 상대값, v'', h'', s'', u'': 건포화 증기의 상태값)

⑳ 증발 잠열(잠열)

$$\gamma=h''-h'=(u''-u')+P(u''-u')$$

㉑ 고위 발열량

$$H_h=8,100\,\mathrm{C}+34,000\left(\mathrm{H}-\frac{\mathrm{O}}{8}\right)+2,500\,\mathrm{S}$$

㉒ 저위 발열량

$$H_c=8,100\,\mathrm{C}-29,000\left(\mathrm{H}-\frac{\mathrm{O}}{8}\right)+2,500\,\mathrm{S}-600W=H_h-600(9\mathrm{H}+W)$$

㉓ 노즐에서의 출구 속도

$$V_2=\sqrt{2g(h_1-h_2)}=\sqrt{h_1-h_2}$$

❖ 상태 변화 관련 공식

변화	정적 변화	정압 변화	정온 변화	단열 변화	폴리트로픽 변화
p, v, T 관계	$v=C$, $dv=0$, $\frac{P_1}{T_1}=\frac{P_2}{T_2}$	$P=C$, $dP=0$, $\frac{v_1}{T_1}=\frac{v_2}{T_2}$	$T=C$, $dT=0$, $Pv=P_1v_1=P_2v_2$	$Pv^k=c$, $\frac{T_2}{T_1}=\left(\frac{v_1}{v_2}\right)^{k-1}=\left(\frac{P_2}{P_1}\right)^{\frac{k-1}{k}}$	$Pv^n=c$, $\frac{T_2}{T_1}=\left(\frac{v_1}{v_2}\right)^{n-1}$
(절대일) 외부에 하는 일 $_1\omega_2=\int pdv$	0	$P(v_2-v_1)=R(T_2-T_1)$	$P_1v_1\ln\frac{v_2}{v_1}=P_1v_1\ln\frac{P_1}{P_2}=RT\ln\frac{v_2}{v_1}=RT\ln\frac{P_1}{P_2}$	$\frac{1}{k-1}(P_1v_1-P_2v_2)=\frac{RT_1}{k-1}\left(1-\frac{T_2}{T_1}\right)=\frac{RT_1}{k-1}\left[\left(1-\frac{v_1}{v_2}\right)^{k-1}\right]=C_v(T_1-T_2)$	$\frac{1}{n-1}(P_1v_1-P_2v_2)=\frac{P_1v_1}{n-1}\left(1-\frac{T_2}{T_1}\right)=\frac{R}{n-1}(T_1-T_2)$
공업일 (압축일) $\omega_1=-\int vdp$	$v(P_1-P_2)=R(T_1-T_2)$	0	ω_{12}	$k_1\omega_2$	$n_1\omega_2$
내부 에너지의 변화 u_2-u_1	$C_v(T_2-T_1)=\frac{R}{k-1}(T_2-T_1)=\frac{v}{k-1}(P_2-P_1)$	$C_v(T_2-T_1)=\frac{P}{k-1}(v_2-v_1)$	0	$C_v(T_2-T_1)=-{}_1W_2$	$-\frac{(n-1)}{k-1}{}_1W_2$
엔탈피의 변화 h_2-h_1	$C_p(T_2-T_1)=\frac{kR}{k-1}(T_2-T_1)=\frac{kv}{k-1}(P_2-P_1)=k(u_2-u_1)$	$C_p(T_2-T_1)=\frac{kR}{k-1}(T_2-T_1)=\frac{kv}{k-1}(P_2-P_1)$	0	$C_p(T_2-T_1)=-W_t=-k_1W_2=k(u_2-u_1)$	$-\frac{(n-1)}{k-1}{}_1W_2$
외부에서 얻은 열 $_1q_2$	u_2-u_1	h_2-h_1	${}_1W_2-W_t$	0	$C_n(T_2-T_1)$
n	∞	0	1	k	$-\infty$에서 $+\infty$

변화	정적 변화	정압 변화	정온 변화	단열 변화	폴리트로픽 변화
비열 C	C_v	C_p	∞	0	$C_n = C_v \frac{n-k}{n-1}$
엔트로피의 변화 $s_2 - s_1$	$C_v \ln \frac{T_2}{T_1}$ $= C_v \ln \frac{P_2}{P_1}$	$C_p \ln \frac{T_2}{T_1}$ $= C_p \ln \frac{v_2}{v_1}$	$R \ln \frac{v_2}{v_1}$	0	$C_n \ln \frac{T_2}{T_1}$ $= C_v \frac{n-k}{n} \ln \frac{P_2}{P_1}$

❖ 열역학 사이클

1. 카르노 사이클 = 가역 이상 열기관 사이클

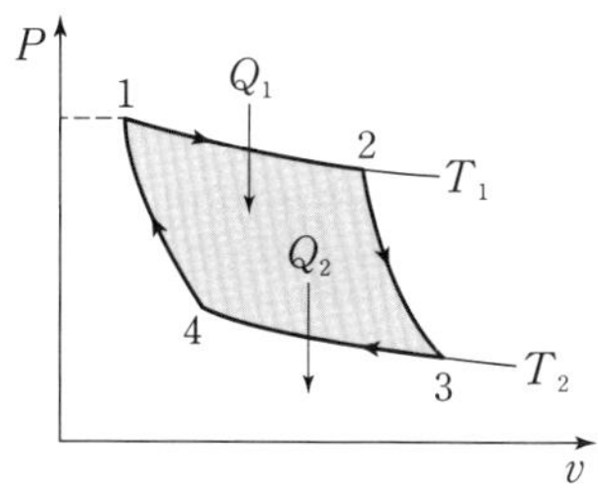

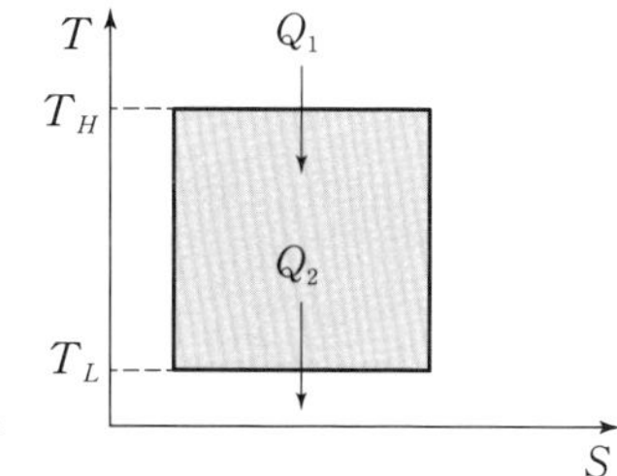

카르노 사이클의 효율

$$\eta_c = \frac{W_a}{Q_H} = \frac{Q_H - Q_L}{Q_H}$$

$$= \frac{T_H - T_L}{T_H} = 1 - \frac{T_L}{T_H}$$

2. 랭킨 사이클 = 증기 원동소 사이클의 기본 사이클

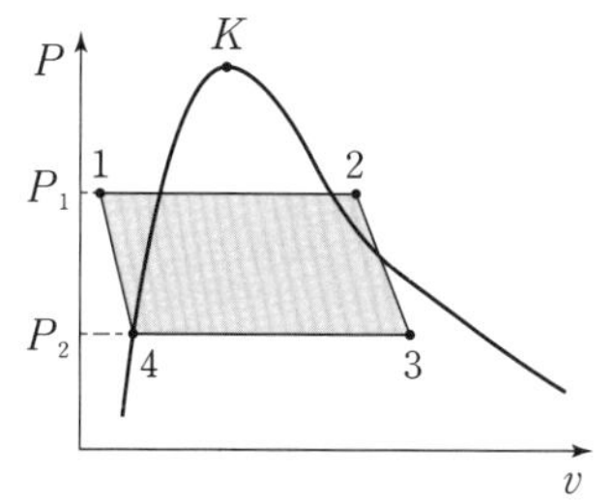

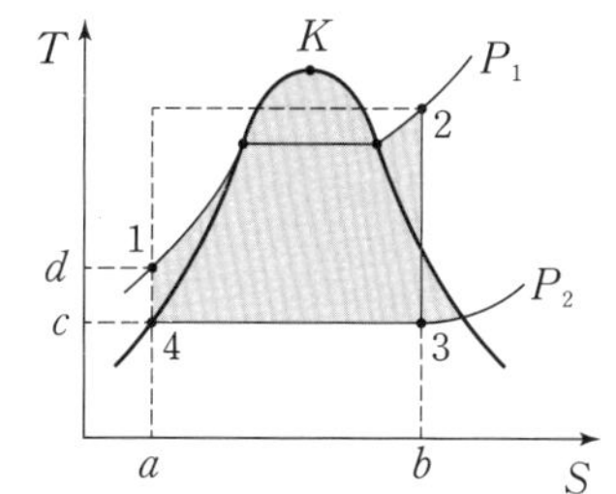

랭킨 사이클의 효율

$$\eta_R = \frac{W_a}{Q_H} = \frac{W_T - W_P}{Q_H}$$

터빈일 $W_T = h_2 - h_3$

펌프일 $W_P = h_1 - h_4$

보일러 공급 열량 $Q_H = h_2 - h_1$

3. 재열 사이클

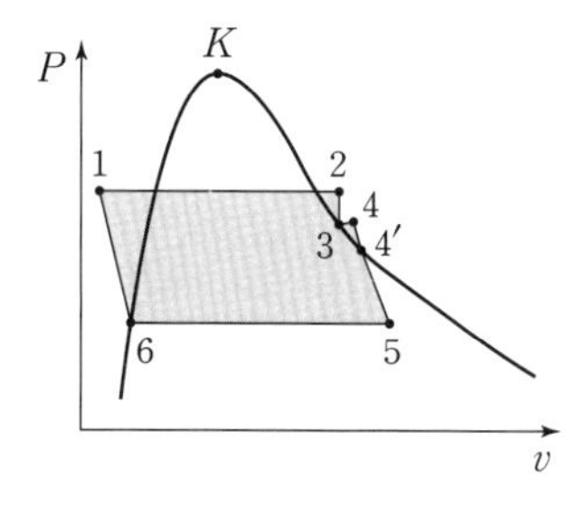

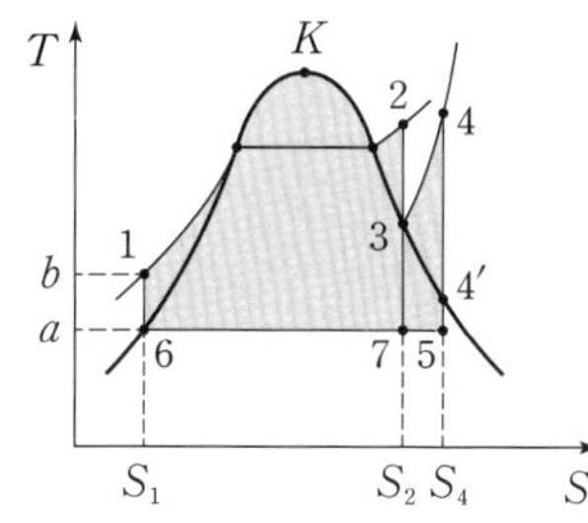

재열 사이클의 효율

$$\eta_R = \frac{W_a}{Q_H + Q_R} = \frac{W_{T_1} + W_{T_2} - W_P}{Q_H + Q_R}$$

터빈1의 일$= h_2 - h_3$

터빈2의 일$= h_4 - h_5$

펌프의 일$= h_1 - h_6$

보일러 공급 열량 $Q_H = h_2 - h_1$

재열기 공급 열량 $Q_R = h_4 - h_3$

4. 오토 사이클 = 정적 사이클 = 가솔린 기관의 기본 사이클

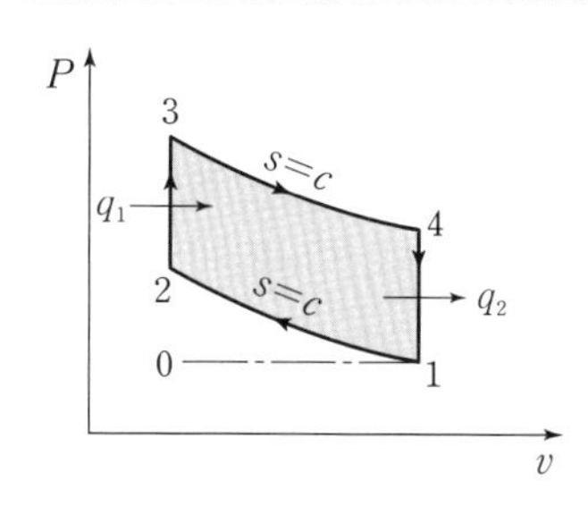

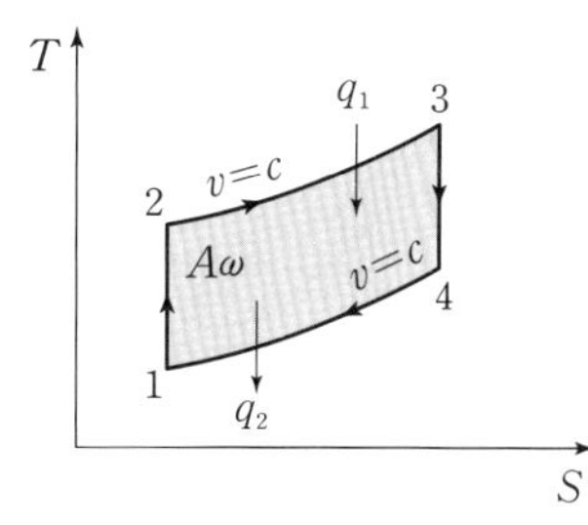

$$\eta_O = \frac{q_1 - q_2}{q_1} = 1 - \frac{q_2}{q_1}$$

$$= 1 - \frac{C_v(T_4 - T_1)}{C_v(T_3 - T_2)}$$

$$= 1 - \left(\frac{1}{\varepsilon}\right)^{k-1}$$

압축비 $\varepsilon = \frac{\text{실린더 체적}}{\text{연료실 체적}}$

5. 디젤 사이클 = 정압 사이클 = 저중속 디젤 기관의 기본 사이클

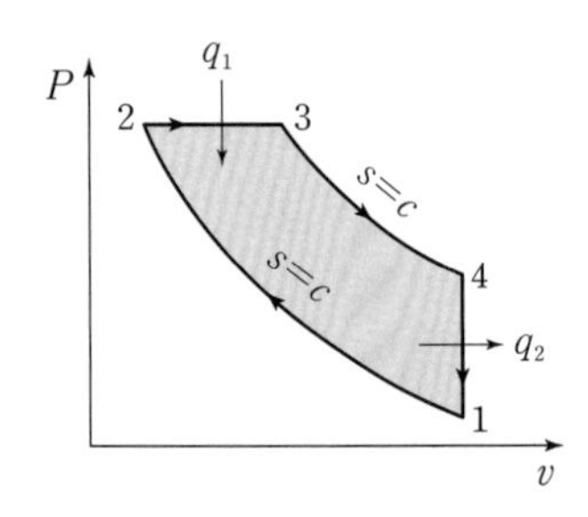

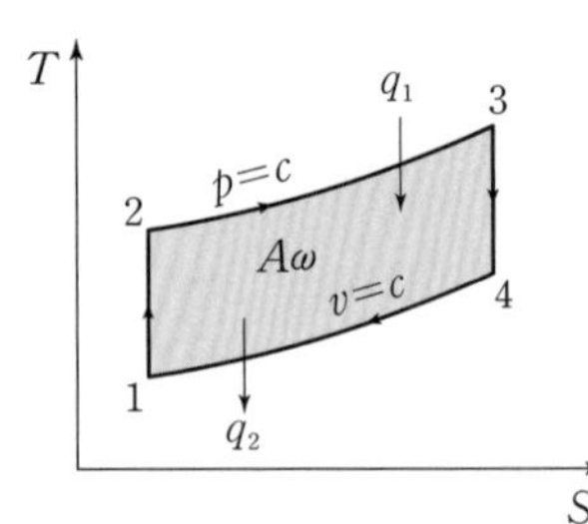

$$\eta_O=\frac{q_1-q_2}{q_1}=1-\frac{q_2}{q_1}$$
$$=1-\frac{C_v(T_4-T_1)}{C_P(T_3-T_2)}$$
$$=1-\left(\frac{1}{\varepsilon}\right)^{k-1}\frac{\sigma^k-1}{k(\sigma-1)}$$

체절비 $\sigma=\frac{V_3}{V_2}$

6. 사바테 사이클 = 복합 사이클 = 고속 디젤 사이클의 기본 사이클

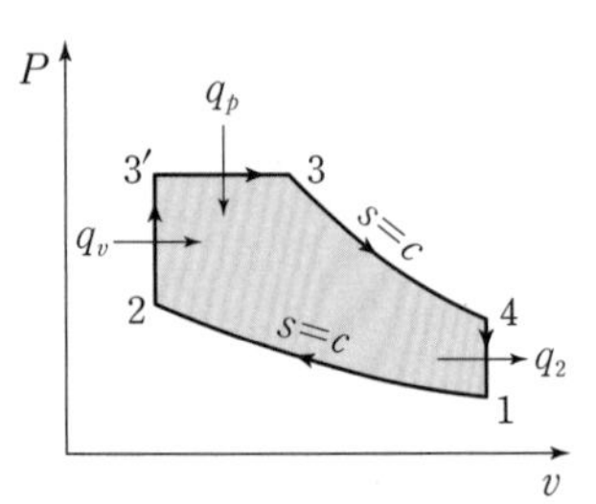

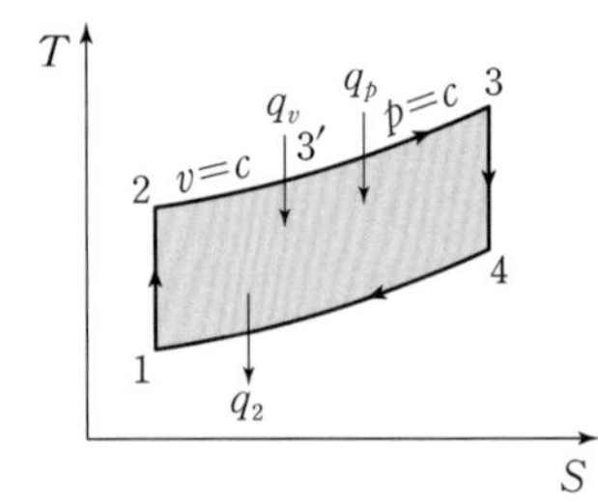

사바테 사이클의 효율

$$\eta_S=\frac{q_p+q_v-q_v}{q_p+q_v}$$
$$=1-\frac{q_v}{q_p+q_v}$$
$$=1-\frac{C_v(T_4-T_1)}{C_P(T_3-T'_3)+C_V(T'_3-T_2)}$$
$$=1-\left(\frac{1}{\varepsilon}\right)^{k-1}\frac{\rho\sigma^k-1}{(\rho-1)+k\rho(\sigma-1)}$$

7. 브레이튼 사이클 = 가스 터빈의 기본 사이클

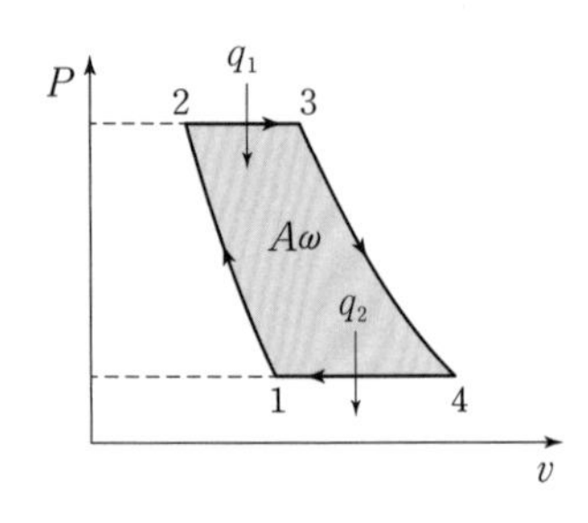

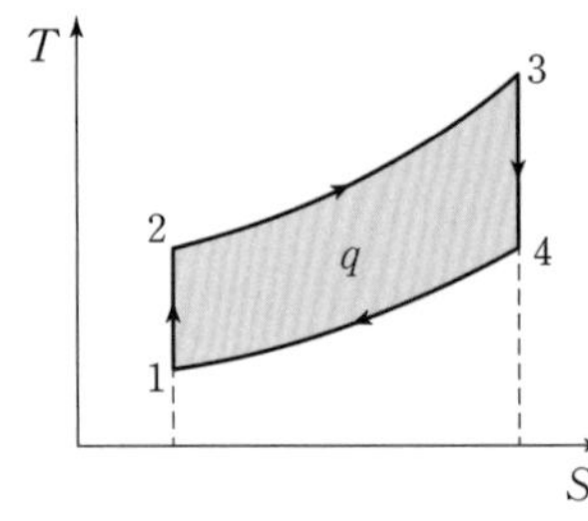

$$\eta_B=\frac{q_1-q_2}{q_1}$$
$$=\frac{C_P(T_3-T_2)-C_P(T_4-T_1)}{C_P(T_3-T_2)}$$
$$=1-\left(\frac{1}{\rho}\right)^{\frac{k-1}{k}}$$

압력 상승비 $\rho=\frac{P_{max}}{P_{min}}$

8. 증기 냉동 사이클

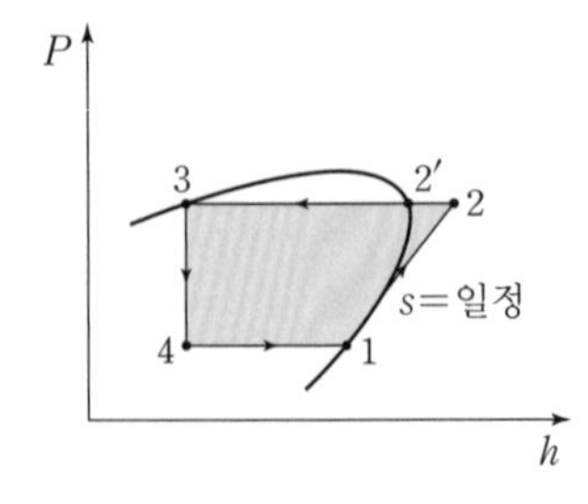

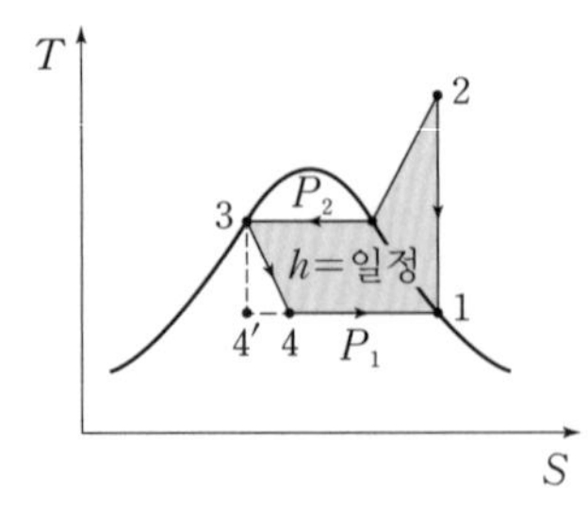

$$\eta_R=\frac{Q_L}{W_a}=\frac{Q_L}{Q_H-Q_L}$$
$$=\frac{(h_1-h_4)}{(h_2-h_3)-(h_1-h_4)}$$

(Q_L: 저열원에서 흡수한 열량)

냉동 능력 1 RT=3.86 kW

유체역학 공식

① 뉴턴의 운동 방정식

$$F=ma=m\frac{dv}{dt}=\rho Qv$$

② 비체적(v)

단위 질량당 체적 $v=\frac{V}{M}=\frac{1}{\rho}$

단위 중량당 체적 $v=\frac{V}{W}=\frac{1}{\gamma}$

③ 밀도(ρ), 비중량(γ)

밀도 $\rho=\frac{M(\text{질량})}{V(\text{체적})}$

비중량 $\gamma=\frac{W(\text{무게})}{V(\text{체적})}$

④ 비중(S)

$$S=\frac{\gamma}{\gamma_\omega},\ \gamma_\omega=\frac{1{,}000\ \text{kgf}}{\text{m}^3}=\frac{9{,}800\ \text{N}}{\text{m}^3}$$

⑤ 뉴턴의 점성 법칙

$F=\mu\frac{uA}{h},\ \frac{F}{A}=\tau=\mu\frac{du}{dy}$ (u: 속도, μ: 점성 계수)

⑥ 점성계수(μ)

$$1\text{Poise}=\frac{1\ \text{dyne}\cdot\text{sec}}{\text{cm}^2}=\frac{1\ \text{g}}{\text{cm}\cdot\text{s}}=\frac{1}{10}\ \text{Pa}\cdot\text{s}$$

⑦ 동점성계수(ν)

$\nu=\frac{\mu}{\rho}$ ($1\ \text{stoke}=1\ \text{cm}^2/\text{s}$)

⑧ 체적 탄성 계수

$K=\dfrac{\Delta p}{\dfrac{\Delta v}{v}}=\dfrac{\Delta p}{\dfrac{\Delta r}{r}}=\dfrac{1}{\beta}$ (β: 압축률)

⑨ 표면 장력

$\sigma=\dfrac{\Delta Pd}{4}$ (ΔP: 압력 차이, d: 직경)

⑩ 모세관 현상에 의한 액면 상승 높이

$h=\dfrac{4\sigma\cos\beta}{\gamma d}$ (σ: 표면 장력, β: 접촉각)

⑪ 정지 유체 내의 압력

$P=\gamma h$ (γ: 유체의 비중량, h: 유체의 깊이)

⑫ 파스칼의 원리

$\dfrac{F_1}{A_1}=\dfrac{F_2}{A_2}$ ($P_1=P_2$)

⑬ 압력의 종류

$P_{abs}=P_O+P_G=P_O-P_V=P_O(1-x)$

(x: 진공도, P_{abs}: 절대 압력, P_O: 국소 대기압, P_G: 게이지압, P_V: 진공압)

⑭ 압력의 단위

1 atm=760 mmHg=10.332 mAq=1.0332 kgf/cm^2=101,325 Pa=1.0132 bar

⑮ 경사면에 작용하는 유체의 전압력, 전압력이 작용하는 위치

$F=\gamma\overline{H}A$, $y_F=\overline{y}+\dfrac{I_G}{A\overline{y}}$

(γ: 비중량, H: 수문의 도심까지의 수심, $\overline{y}$: 수문의 도심까지의 거리, A: 수문의 면적)

⑯ 부력

$F_B = \gamma V$ (γ: 유체의 비중량, V: 잠겨진 유체의 체적)

⑰ 연직 등가속도 운동을 받을 때

$P_1 - P_2 = \gamma h\left(1 + \frac{a_y}{g}\right)$

⑱ 수평 등가속도 운동을 받을 때

$\tan\theta = \frac{a_x}{g}$

⑲ 등속 각속도 운동을 받을 때

$\varDelta H = \frac{V_0^2}{2g}$ (V_0: 바깥 부분의 원주 속도)

⑳ 유선의 방정식

$v = ui + vj + wk$ $\quad ds = dxi + dyj + dzk$

$v \times ds = 0$ $\quad \frac{dx}{u} = \frac{dy}{u} = \frac{dz}{w}$

㉑ 체적 유량

$Q = A_1 V_1 = A_2 V_2$

㉒ 질량 유량

$\dot{M} = \rho A V = \text{Const}$ (ρ: 밀도, A: 단면적, V: 유속)

㉓ 중량 유량

$\dot{G} = \gamma A V = \text{Const}$ (γ: 비중량, A: 단면적, V: 유속)

㉔ 1차원 연속 방정식의 미분형

$\frac{d\rho}{\rho} + \frac{dv}{v} + \frac{dA}{A} = 0$ 또는 $d(\rho A V) = 0$

03 3역학 공식 모음집

㉕ 3차원 연속 방정식

$$\frac{\partial u}{\partial x}+\frac{\partial v}{\partial y}+\frac{\partial w}{\partial z}=0$$

㉖ 오일러 방정식

$$\frac{dP}{\rho}+VdV+gdz=0$$

㉗ 베르누이 방정식

$$\frac{P}{\gamma}+\frac{v^2}{2g}+z=H$$

㉘ 높이 차가 H인 구멍 부분의 속도

$$v=\sqrt{2gH}$$

㉙ 피토 관을 이용한 유속 측정

$v=\sqrt{2g\Delta H}$ (ΔH: 피토관을 올라온 높이)

㉚ 피토 정압관을 이용한 유속 측정

$V=\sqrt{2g\Delta H\left(\frac{S_0-S}{S}\right)}$ (S_0: 액주계 내의 비중, S: 관 내의 비중)

㉛ 운동량 방정식

$Fdt=m(V_2-V_1)$ (Fdt: 역적, mV: 운동량)

㉜ 수직 평판이 받는 힘

$F_x=\rho Q(V-u)$ (V: 분류의 속도, u: 날개의 속도)

㉝ 고정 날개가 받는 힘

$F_x=\rho QV(1-\cos\theta)$, $F_y=-\rho QV\sin\theta$

㉞ 이동 날개가 받는 힘

$F_x = \rho QV(1-\cos\theta)$, $F_y = -\rho QV\sin\theta$

㉟ 프로펠러 추력

$F = \rho Q(V_4 - V_1)$ (V_4: 유출 속도, V_1: 유입 속도)

㊱ 프로펠러의 효율

$$\eta = \frac{\text{출력}}{\text{입력}} = \frac{\rho QV_1}{\rho QV} = \frac{V_1}{V}$$

㊲ 프로펠러를 통과하는 평균 속도

$$V = \frac{V_4 + V_1}{2}$$

㊳ 탱크에 달려 있는 노즐에 의한 추진력

$F = \rho QV = PAV^2 = \rho A2gh = 2Ah\gamma$

㊴ 로켓 추진력

$F = \rho QV$

㊵ 제트 추진력

$F = \rho_2 Q_2 V_2 - \rho_1 Q_1 V_1 = \dot{M}_2 V_2 - \dot{M}_1 V_1$

㊶ 원관에서의 레이놀드 수

$Re = \dfrac{\rho VD}{\mu} = \dfrac{VD}{\nu}$ (2,100 이하: 층류, 4,000 이상: 난류)

㊷ 수평 원관에서의 층류 운동

유량 $Q = \dfrac{\Delta P\pi D^4}{128\,\mu L}$ (ΔP: 압력 강하, μ: 점성, L: 길이, D: 직경)

㊸ 층류 유동일 때의 경계층 두께

$$\delta=\frac{5x}{\sqrt{Re}}$$

㊹ 동압에 의한 항력

$$D=C_D\frac{\gamma V^2}{2g}A=C_D\times\frac{\rho V^2}{2}A$$ (C_D: 항력 계수)

㊺ 동압에 의한 양력

$$L=C_L\frac{\gamma V^2}{2g}A=C_L\times\frac{\rho V^2}{2}A$$ (C_L: 양력 계수)

㊻ 스토크 법칙에서의 항력

$D=6R\mu V\pi$ (R: 구의 반지름, V: 속도, μ: 점성 계수)

㊼ 층류 유동에서의 관 마찰 계수

$$f=\frac{64}{Re}$$

㊽ 원형관 속의 손실 수두

$$H_L=f\frac{l}{d}\times\frac{V^2}{2g}$$ (f: 관 마찰 계수, l: 관의 길이, d: 관의 직경)

㊾ 수력 반경

$$R_h=\frac{A(\text{유동 단면적})}{P(\text{접수 길이})}=\frac{d}{4}$$

㊿ 비원형관에서의 손실 수두

$$H_L=f\times\frac{l}{4R_h}\times\frac{V^2}{2g}$$

51 버킹햄의 π정리

$\pi=n-m$ (π: 독립 무차원 수, n: 물리량 수, m: 기본 차수)

⑫ 최량수로 단면

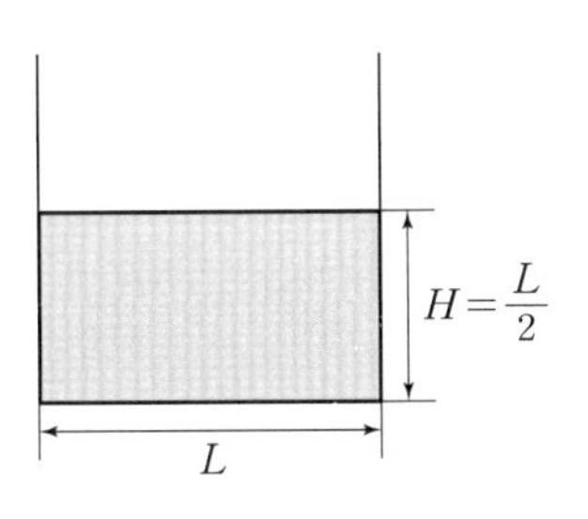

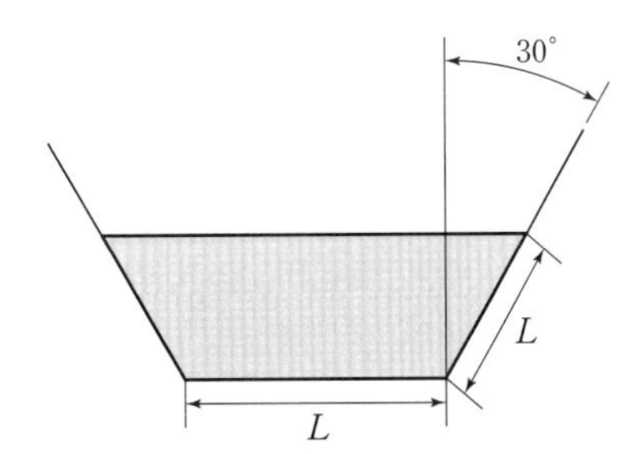

⑬ 부차적 손실 수두

돌연 확대관의 손실 수두 $H_L=\frac{(V_1-V_2)^2}{2g}$

돌연 축소관의 손실 수두 $H_L=\frac{V_2^2}{2g}\left(\frac{1}{C_c}-1\right)^2$

관 부속품의 손실 수두 $H_L=K\frac{V^2}{2g}$

(K: 관 부속품의 부차적 손실 계수, C_c: 수축 계수)

⑭ 음속

$a=\sqrt{kRT}$ (k: 비열비, R: 기체상수, T: 절대온도)

⑮ 마하각

$\sin\phi=\frac{1}{Ma}$ (Ma: 마하 수)

❖ 단위계

	구분	거리	질량	시간	힘	동력
절대 단위	MKS	m	kg	sec	N	1kW=102 kgf·m/s
	CGS	cm	g	sec	dyne	W
중력 단위계	공학 단위계	m cm mm	$\frac{1}{9.8}$ kgf·s²/m	sec min	kgf	1 PS= 75 kgf·m/s

❖ 무차원 수

명칭	정의	물리적 의미	적용 범위
레이놀드 수	$Re=\frac{\rho VL}{\mu}$	$\frac{\text{관성력}}{\text{점성력}}$	• 점성이 고려되는 유동의 상사 법칙 • 관 속의 흐름, 비행기의 양력·항력, 잠수함
프라우드 수	$F_r=\frac{L}{\sqrt{Lg}}$	$\frac{\text{관성력}}{\text{중력}}$	• 자유 표면을 갖는 유동(댐) • 개수로 수면 위 배 조파 저항
웨버 수	$W_e=\frac{\rho LV^2}{\sigma}$	$\frac{\text{관성력}}{\text{표면장력}}$	표면장력에 관계되는 상사 법칙 적용
마하 수	$Ma=\frac{V}{C}$	$\frac{\text{속도}}{\text{음속}}$	풍동 문제, 유체 기체
코시 수	$Co=\frac{\rho V^2}{K}$	$\frac{\text{관성력}}{\text{탄성력}}$	–
오일러 수	$Eu=\frac{\Delta P}{\rho V^2}$	$\frac{\text{압축력}}{\text{관성력}}$	압축력이 고려되는 유동의 상사 법칙
압력 계수	$P=\frac{\Delta P}{\rho V^2/2}$	$\frac{\text{정압}}{\text{동압}}$	–

❖ 유체 계측

비중량 측정	비중병, 비중계, u자관
점성 측정	낙구식 점도계, 맥미첼 점도계, 스토머 점도계, 오스트발트 점도계, 세이볼트 점도계
정압 측정	피에조미터, 정압관
유속 측정	피트우트관-정압관 $V=C_v\sqrt{2gR\left(\frac{S_o}{S}-1\right)}$ 시차 액주계, 열선 풍속계
유량 측정	벤츄리미터, 노즐, 오리피스, 로타미터 사각 위어 $Q=kH^{\frac{3}{2}}$ 삼각 위어$=V$, 놋치 위어 $Q=kH^{\frac{5}{2}}$

연삭기 활용 매뉴얼

툴엔지니어 편집부 편저 | 남기준 역 | 4 · 6배판 | 224쪽 | 25,000원

최신 연삭 기술을 중심으로 가공의 기본에서부터 트러블에 대한 대책에 이르기까지 상세히 해설하였습니다.

- 제1장 연삭 가공의 기본
- 제2장 연삭 숫돌
- 제3장 숫돌의 수정
- 제4장 연삭 가공의 실제
- 제5장 트러블과 대책

공구 재종의 선택법 · 사용법

툴엔지니어 편집부 편저 | 이종선 역 | 4 · 6배판 | 216쪽 | 25,000원

제1편 절삭 공구와 공구 재종의 기본에서는 고속도 강의 의미와 고속도 공구강의 변천, 공구 재종의 발달사 등에 대해 설명하였으며, 제2편 공구 재종의 특징과 선택 기준에서는 각 공구 재종의 선택 기준과 사용 조건의 선정 방법을 소개하였습니다. 또, 제3편 가공 실례와 적응 재종에서는 메이커가 권장하는 절삭 조건과 여러 가지 문제점에 대한 해결 방법을 소개하였습니다.

머시닝 센터 활용 매뉴얼

툴엔지니어 편집부 편저 | 심증수 역 | 4 · 6배판 | 240쪽 | 25,000원

이 책은 MC의 생산과 사용 상황, 수직 수평형 머시닝 센터의 특징과 구조 등 머시닝 센터의 기초적 이론을 설명하고 프로그래밍과 가공 실례, 툴 홀더와 시스템 제작, 툴링 기술, 준비 작업과 고정구 등 실제 이론을 상세히 기술하였습니다.

금형설계

이하성 저 | 4 · 6배판 | 292쪽 | 23,000원

우리 나라 금형 공업 분야의 실태를 감안하여 기초적인 이론과 설계 순서에 따른 문제점 분석 및 응용과제 순으로 집필하여 금형을 처음 대하는 사람이라도 쉽게 응용할 수 있도록 하였습니다. 부록에는 도해식 프레스 용어 해설을 수록하였습니다.

머시닝센타 프로그램과 가공

배종외 저 | 윤종학 감수 | 4 · 6배판 | 432쪽 | 24,000원

이 책은 NC를 정확하게 이해할 수 있는 하나의 방법으로 프로그램은 물론이고 기계구조와 전자장치의 시스템을 이해할 수 있도록 저자가 경험을 통하여 확인된 내용들을 응용하여 기록하였습니다. 현장실무 경험을 통하여 정리한 이론들이 NC를 배우고자 하는 독자에게 도움을 줄 것입니다.

CNC 선반 프로그램과 가공

배종외 저 | 윤종학 감수 | 4 · 6배판 | 392쪽 | 19,000원

이 책은 저자가 NC 교육을 담당하면서 현장실무 교재의 필요성을 절감하고 NC를 처음 배우는 분들을 위하여 국제기능올림픽대회 훈련과정과 후배선수 지도과정에서 터득한 노하우를 바탕으로 독자들이 쉽게 익힐 수 있도록 강의식으로 정리하였습니다. 이 책의 특징은 NC를 정확하게 이해할 수 있는 프로그램은 물론이고 기계구조와 전자장치의 시스템을 이해할 수 있도록 경험을 통하여 확인된 내용들을 응용하여 기록하였다는 것입니다.

저자소개

- 공기업 기계직 전공필기 연구소
- 전, 5대 발전사(한국중부발전) 근무
- 전, 서울시설공단 근무
- 공기업 기계직렬 시험에 직접 응시하여 최신 경향 파악
- 공기업 기계직렬 전공 블로그 운영

jv5140py@naver.com

공기업 기계직 기출변형문제집

기계의 진리 벚꽃에디션

2021. 3. 12. 초 판 1쇄 발행
2021. 7. 5. 초 판 2쇄 발행

지은이 | 공기업 기계직 전공필기 연구소
펴낸이 | 이종춘
펴낸곳 | BM ㈜도서출판 성안당
주소 | 04032 서울시 마포구 양화로 127 첨단빌딩 3층(출판기획 R&D 센터)
10881 경기도 파주시 문발로 112 파주 출판 문화도시(제작 및 물류)
전화 | 02) 3142-0036
031) 950-6300
팩스 | 031) 955-0510
등록 | 1973. 2. 1. 제406-2005-000046호
출판사 홈페이지 | **www.cyber.co.kr**
ISBN | 978-89-315-3209-8 (13550)
정가 | 19,000원

이 책을 만든 사람들
기획 | 최옥현
진행 | 이희영
교정·교열 | 류지은
본문 디자인 | 신성기획
표지 디자인 | 임진영
홍보 | 김계향, 유미나, 서세원
국제부 | 이선민, 조혜란, 김혜숙
마케팅 | 구본철, 차정욱, 나진호, 이동후, 강호묵
마케팅 지원 | 장상범, 박지연
제작 | 김유석